U0854927

世界兵器解码

战斗机篇

北京中科鹦鹉螺软件有限公司　组编

贾超为　戴静波　著

机械工业出版社
CHINA MACHINE PRESS

战斗机作为天空的统治者，一直是争夺战场空中优势的利器。它在空中优雅而潇洒的姿态更令广大军迷心驰神往。本书邀请了该领域权威专家通过专业视角为读者解码战斗机，首先从战斗机的基本概念、基本分类入手；然后解析了现役战斗机的典型代表，包括其性能、参数、内部结构；最后介绍了战斗机的基本战术运用、相关故事与战例等内容。特别值得一提的是，本书部分精美图片是由专业软件建模团队负责呈现，让读者详细了解战斗机知识的同时还能够通过不同角度欣赏战斗机的独特魅力。

图书在版编目（CIP）数据

世界兵器解码. 战斗机篇 / 北京中科鹦鹉螺软件有限公司组编；贾超为，戴静波著. — 北京：机械工业出版社，2021.9（2025.9重印）
ISBN 978-7-111-69143-3

Ⅰ. ①世… Ⅱ. ①北… ②贾… ③戴… Ⅲ. ①歼击机—世界—通俗读物 Ⅳ. ①E92-49

中国版本图书馆CIP数据核字（2021）第188464号

机械工业出版社（北京市百万庄大街22号 邮政编码100037）
策划编辑：韩伟喆　　责任编辑：赵　屹　韩伟喆
责任校对：孙莉萍　　责任印制：张　博
北京瑞禾彩色印刷有限公司印刷

2025年9月第1版第11次印刷
215mm × 225mm · 11.2印张 · 200千字
标准书号：ISBN 978-7-111-69143-3
定价：69.00元

电话服务　　网络服务
客服电话：010-88361066　机 工 官 网：www. cmpbook. com
010-88379833　机 工 官 博：weibo. com/cmp1952
010-68326294　金 书 网：www. golden-book. com

机工教育服务网：www. cmpedu. com

序

《诗经·小雅·鹤鸣》中有一句耳熟能详的话，叫“他山之石，可以攻玉”。这里面包含了很强的辩证法和中国智慧，体现了中华传统文化中的“通变”思维，也是我们这个民族历经五千年不衰，且不断焕发活力的文化密码。

循着这样一个思维逻辑，无论是从历史还是从现实中，都能找到很多经得起历史和实践检验的经典案例。机械工业出版社出版的这套《世界兵器解码》系列图书，就是将“他山之石”为我所用、所鉴的一个很好探索。从这个角度看，这套《世界兵器解码》系列图书至少可以解决两个方面的问题：一个是透过这套书，可以了解当代世界主要武器装备或武器平台的基本情况和发展趋势，获得更宽阔的视野。另一个是，可以激发国民，尤其是年轻人对军事武器装备的兴趣，进而淬炼强军尚武的情怀。

当今世界新格局新形势下，在全社会加强国防教育和培养尚武精神的重要性更加凸显。全民皆兵、寓军于民这些传统的理念，都有了新的内涵和形式。为社会提供优质的军事科普书刊，则是为这样的传统理念注入新的知识、新的观念、新的动力的最好途径。现在一部分年轻男性存在的一个很大问题是缺乏阳刚之气和血性。国家领导人提出的要培养“四有”新一代革命军人的要求，其中很重要的一条就是要有血性。因为血性不仅是中国军人战斗力的精神内核，更是中华民族能够压倒一切敌人而不被敌人所压倒的英雄气概。我们发现一个十分有趣又值得深思的现象：越是国防意识强烈、军事科普知识丰富的年轻人，越是崇尚英雄硬汉。这就从一个侧面说明了军事科普的看得见与看不见的多重效应。

我长期从事军事新闻工作，退休后又继续从事军事文化研究。我们看到，近十多年来，军事科普读物，已经成为全民国防教育不可或缺的重要教材。其中，武器装备类的书刊，更是越来越受广大青少年所喜爱，并产生越来越大的影响力。机械工业出版社过往推出的一大批这方面的书籍，就产生了良好的反响和社会效益。我深度接触过许多军事文化爱好者特别是军迷群体中的朋友，从他们那里得知，一本好的军事科普书刊的影响力，真的大到局外人难以想象。有很多青少年读者，受一本书刊的影响，或者改变了自己的专业方向，或者发现了一个全新的思路，或者实现了某一场景下的弯道超车，或者准确预测出某项技术的走向，如此等等，不一而足。以致从读者群中催生出了一个个人才，成就了一项项事业。军事科普读物为什么会产生如此强大的效应？我想，应该是这样一个逻辑：武器装备，是作战理论、概念的物化和各项最新科学技术应用的终端集成，其读物，自然也就成为一座座知识宝库。这也正是有那么多人喜欢武器装备类书刊的原因所在。

基于这样一个认识和一个老军人的情怀，当这套书的作者带着书稿找到我时，我欣然同意为这套书作序。除了共识和情怀上的共鸣，这套书选取的题材和写作风格我也比较认可，无论是内容还是相应的图片都很吸引人，也有不少独到和创新之处。一个是内容比较系统。这套书对航空母舰、驱逐舰、潜艇、战斗机、轰炸机等武器装备都做了非常全面系统的梳理，内容丰富、结构严谨、逻辑性很强。这套书所选取的武器装备，既是世界各军事大国争相发展的重点，也是我军装备事业发展的主要方向。武器装备是军队现代化的重要标志，是国家安全和民族复兴的重要支撑。中国这样一个世界性大国，发展与国家地位相称、同国家发展利益相适应的军事力量至关重要，这是中华民族伟大复兴和我国有效应对世界百年未有之大变局的必然要求。我很欣喜地看到，这套书涉及到的武器装备，仅就其知识的完整性、系统性而言，就有不少可圈可点的价值。二是视角比较新颖。这套书在写作结构上比较注重创新，既有知识科普的内容，介绍相关的武器装备及作战性能，也有对内部设计、相关参数、优缺点评估等技术层面的深度解剖，还有作战样式、作战理论等的梳理和归纳。这些研究上的创新点，既有很好的知识性，也增加了趣味性，让人有继续读下去的愿望，很吸引人。三是研究上突出了思想性。一篇文章、一个报告乃至一本书有没有价值，关键看有没有思想，思想是一本书的灵魂。这套书，通过对大量公开资料的收集、归纳、整理，把冰冷的武器装备与一幅幅精彩的图片和应用案例剖析、历史经典战例解读等串起来，很有思想性，给人带来启发和思考，很是难得。

在人类社会发展的历史长河中，从冷兵器时代的刀枪剑戟、斧钺钩叉，到近代兵器的毛瑟枪、来复枪、火炮，再到现代的机枪、远程大炮、坦克、飞机、导弹、核武器、电子武器等热兵器，总有一种或几种武器在一段时间内独占鳌头、独领风骚，并在战争中尽显风流。尤其是伴随着军事高技术的迅猛发展，信息系统的超强指挥能力和武器系统全纵深打击能力的发展，“非接触性作战”已经成为高技术条件下局部战争的主要特点。所谓“非接触性作战”，就是充分利用战场情报获取能力和电子战优势，摸准对手“关键”地段或要害目标，实施突如其来的“非接触性”打击，通过重创敌人直接达成作战目的。而“非接触性作战”的基本前提条件是我方所拥有的作战装备能对敌要害目标实施精准打击。这套书所选取的武器装备，无疑都是“非接触性作战”的主要作战载体，也是当下世界军事舞台上的主角，在特定条件下甚至决定着战争的胜负，值得研究。我的一个体会：凡是出版物中的精品力作，一定都具备内容丰富、选题精彩、思想性和可读性强等突出特点。这套书，在很多方面满足了这些条件，相信它能成为那种一看就吸引人，拿起就放不下，打开就合不上的上品读物。

饶洪彬 于北京寓所

2021 年 3 月 1 日

目　录

C O N T E N T S

第一章 CHAPTER 1

战斗机的发展历程、地位与作用

问世初期

第一次世界大战爆发后，飞机很快被投入战场。随着交战双方投入飞机数量的不断增加，敌对双方飞行员在空中相遇的概率迅速提升，随即爆发了最早的空中交战行动——飞行员用手枪、步枪和机枪等武器在空中相互射击。

1915年初，德国福克公司3名工程师研制出一种先进的“射击同步协调器”，它使飞行员能够从发动机顶部操控机枪进行瞄准和射击，极大地提高了射击准确性和火力密度。该机投入战场后，成了空中大杀器，给英法空军造成了严重损失，帮助德国迅速取得了当时战场上的制空权。

这种“射击同步协调器”就安装在福克 E.I 这一款飞机上。福克 E.I 战斗机的出现，从根本上改变了空战样式和战术思想，提高了飞机空战能力，是世界上公认的第一款战斗机。

福克 E.I战斗机的空战油画。

此后，各国均在福克战斗机设计理念的基础上，不断提升战斗机的速度、高度、航程和火力等关键指标，使战斗机的作战性能不断提升。

福克 E.I战斗机。

二战时期

二战初期，最著名的活塞式战斗机非德国 Bf-109 战斗机莫属。该机作为一款性能卓越的战斗机，基本涵盖了二战初期战斗机的全部优点，先后发展出 10 余个改进型号，共计生产 3 万余架，是整个二战期间生产数量最多的战斗机。

在这一时期，德国空军凭借 Bf-109 战斗机称霸了

德国 福克 E. I 战斗机

飞机几何数据	机长：	7.3 米
	机高：	2.79 米
	翼展：	9.52 米
飞机重量	空机重：	399 千克
燃油及载荷	载荷：	635 千克
动力装置	发动机型号：	欧贝鲁赛尔
	发动机数量：	1 台
	发动机类型：	风冷式发动机
飞机性能数据	最快速度：	133 千米 / 小时
	航程：	220 千米
	升限：	3600 米
	武装：	1 挺 7.92 毫米口径 IMG08 风冷式机枪

福克 E. I战斗机参数

德国 Bf-109 战斗机机群。

德国博物馆中的“黄色 14 号”。

英国“喷火”战斗机。

英国 “喷火”战斗机

飞机几何数据	机长：	9.83 米
	机高：	3.9 米
	翼展：	12.19 米
	机翼面积（总）：	22.5 平方米
飞机重量	空机重：	2540 千克
	最大起飞重量：	3400 千克
飞机性能数据	最大飞行速度：	657~660 千米 / 小时（高度为 7620 米）
	实用升限：	11300~13100 米
	转场航程：	1060 千米
	可带燃油：	564 升
	作战距离：	760 千米
	运输距离：	1000 千米
	爬升率：	22 米 / 秒
	推重比㊀：	0.35
动力装置	发动机型号：	灰背隼 63
	发动机数量：	1 台
	发动机类型：	水冷活塞式发动机
	发动机功率：	1650 马力（1 马力≈ 0.735 千瓦）

㊀ 这里指整机推重比，而不是发动机推重比。——编者注

英国“喷火”战斗机参数

美国 P-51 野马战斗机。

欧洲的天空。不论是西线将英法联军赶出欧洲大陆，还是东线闪击苏联后的长驱直入，德国空军始终以碾压性的优势将制空权牢牢掌握在自己手中，并创造了各种令人瞠目的战绩。

二战中，德国空军许多王牌飞行员均是驾驶 Bf-109 战斗机取得了可观的战绩，其中，最著名的是德国空军头号王牌哈特曼少校，他驾驶 Bf-109 战斗机取得了个人击落敌机 352 架的世界纪录。根据战后数据统计，在第二次世界大战期间，德国空军总战果的 55% 以上都由 Bf-109 战斗机获得。

直到二战中后期，随着英国“喷火”战斗机和美国 P-51 野马战斗机的出现，欧洲大陆上空的空战才终于进入了势均力敌的拉锯战。

第二次世界大战末期，德国开始投入使用新型的 Me-262 喷气式战斗机，该机是人类航空史上第一种投入实战的喷气式战斗机，最大飞行速度可达 860 千米 / 小

美国
P-51 野马战斗机

飞机几何数据	机长：	9.83 米
	机高：	4.17 米
	翼展：	11.29 米
	机翼面积（总）：	21.83 平方米
飞机重量	空机重：	3232 千克
	最大起飞重量：	5262 千克
飞机性能数据	最大飞行速度：	708 千米 / 小时
	实用升限：	12800 米
	航程：	2755 千米
	作战半径：	1020 千米
	爬升率：	16.3 米 / 秒
	翼载荷：	192 千克 / 平方米
	推重比：	0.27
动力装置	动力系统：	1 × 帕卡德 v-1650-7 液冷 V-12，与一个 2 级的中冷增压器，1111 千瓦
	最大出力：	1490 马力（持续最大出力）

美国 P-51 野马战斗机参数

德国
Me-262 喷气式战斗机

飞机几何数据	机长:	10.6 米 /11.8 米（有雷达天线）
	机高:	3.5 米
	翼展:	12.5 米
	机翼面积（总）:	21.7 平方米
飞机重量	空机重:	4000 千克 /4400 千克（双座型）
	最大起飞重量:	7045 千克 /6400 千克（双座型）
飞机性能数据	最大飞行速度:	870 千米 / 小时（6000 米高度）
	实用升限:	11500 千米
	航程:	1050 千米
	爬升率:	20 米 / 秒
	推重比:	0.28（双座夜间型）
动力装置	发动机型号:	容克尤莫 004B-1
	发动机数量:	2 台
	发动机类型:	涡轮喷气发动机
	发动机推力:	2×8.8 千牛

德国 Me-262 喷气式战斗机参数

德国 Me-262 喷气式战斗机。

时，比各型活塞式战斗机要快 100~140 千米 / 小时。该机采用了全金属半硬壳结构、后掠式机翼、双发动机布局、半水泡式座舱以及前三点式可回收起落架等一系列当时最新的航空技术。虽然该机具有性能不够稳定、故障率高、航程较短等缺陷，但仍然是一款跨时代的战斗机，为后续喷气式战斗机的发展奠定了坚实基础。

第二次世界大战是战斗机飞速发展的黄金期，整个战争期间登场的战斗机型号以及后续改进型号层出不穷，各种设计理念、航空技术、导航技术、通信技术等在战火中得到了反复验证和淬炼，空中格斗、编队护航、掩护攻击等战术随着装备的发展也在不断优化，战斗机担负的使命任务也逐步丰富和细化，双方各自投入成百上千架飞机进行超大规模空战的场景成为常态。

冷战时期

二战结束后，冷战的铁幕笼罩世界，东西方两大阵营进入漫长的僵持与博弈阶段。在战斗机研发方面，涌现出了一大批先进的战斗机型号，特别是美、苏两国在机体设计、机载设备和关键性能指标上，更是实现了突飞猛进的发展，并在互相赶超的过程中形成了自己独到的设计思路和作战思想。

冷战初期，受“高空制空权”理论中“谁有高度优势，谁就能控制战斗”的思潮影响，各国不断从速度、高度、火力、机动等方面来改进战斗机的设计。随着风洞技术和空气动力学技术的发展，喷气式战斗机迅速取代了活塞式战斗机。在现代航空理论中，开始将喷气式战斗机根据其关键性能指标和作战特性等，按照统一标准进行等级划分，并在世界上形成了普遍共识。

冷战初期的喷气式战斗机为第一代战斗机，该级别战斗机普遍采用后掠翼设计，使用轴流式 / 离心式

苏联米格 -15 战斗机。

苏联
米格 -15 战斗机

飞机几何数据	机长：	10.13 米
	机高：	3.4 米
	翼展：	10.08 米
	机翼面积（总）：	20.6 平方米
飞机重量	空机重：	3636 千克
	最大起飞重量：	5111 千克
飞机性能数据	最大飞行速度：	0.88 马赫（1078 千米 / 小时）
	实用升限：	15544 米
	航程：	1782 千米
	爬升率：	50 米 / 秒
	机翼载荷：	248 千克 / 平方米
	续航时间：	3 小时
	推重比：	0.53
动力装置	发动机型号：	克里莫夫 RD-45
	发动机数量：	1 台
	发动机类型：	喷气发动机
	发动机推力：	26.7 千牛

苏联米格-15战斗机参数

美国
F-86 战斗机（佩刀）

飞机几何数据	机长：	11.44 米
	机高：	4.47 米
	翼展：	11.32 米
	机翼面积（总）：	29.20 平方米
飞机重量	空机重：	4578 千克
	最大起飞重量：	7359 千克
飞机性能数据	最大飞行速度：	960 千米 / 小时（高度 10700 米）
	实用升限：	15000 米
	最大航程：	1060 千米
	最大续航力：	续航时间 2.9 小时
	作战半径：	750 千米（挂两个副油箱）
	推重比：	0.658
动力装置	发动机型号：	通用电气 J47-GE-13
	发动机数量：	1 台
	发动机类型：	涡轮喷气发动机
	发动机推力：	44.4 千牛（最大加力推力）

美国 F-86 战斗机参数

美国 F-86 战斗机。

涡轮喷气发动机，最大速度为 0.9~1.5 马赫（1 马赫 =1 倍声速 =1226 千米 / 小时），武器为大口径航炮，空战方式仍为近距离格斗、俯冲攻击和尾随攻击等。第一代战斗机的电子设备非常简陋，主要有无线电罗盘、通信电台和简单的敌我识别装置等。典型代表为米格 -15、F-86、米格 -19、F-100 等，其中的 F-100 是世界上第一款具有超声速平飞能力的战斗机，人类自此彻底突破了“音障”。

朝鲜战争后，美、苏空军相继提出“2 马赫 +2 万米”的高空高速指标，第二代战斗机的划分标准也在此基础上得到了确定。由于空气动力学的发展，第二代战斗机机体设计主要应用了超声速面积律技术或采取小展弦比的飞翼布局，如六面形翼、菱形翼、双凸面翼等，以便提升整个机体的高速适应性和操控性，但缺点是爬升性能和盘旋性能不够理想。第二代战斗机普遍使用带加力功能的涡轮喷气发动机，平飞速度 2 马赫以上，实用升限 2 万米以上。随着导弹技术的发展，

苏联米格 -21 战斗机。

第二代战斗机开始携带空对空导弹进行作战，一般采用红外制导或半主动雷达制导等方式，极大提高了命中精度和杀伤射程。在信息技术的推动下，第二代战斗机普遍安装了机载导航系统、通信系统、具备拦射能力的自动火控系统、告警设备以及机载雷达等各型航空电子设备，战斗机的战场态势感知能力、中远程打击能力和协同作战能力均得到了极大提升，大机群编队作战的战术成为历史。

美国为了达到第二代战斗机的标准，F-4 战斗机和 F-104 战斗机均放弃了机头进气的成熟设计理念，改为头部尖锐、两侧进气的全新布局。苏联则认为新的进气技术并没有显著降低机头阻力，因而米格 -21 仍然采用机头进气方式，并针对对手弱点有的放矢，在传统成熟技术的基础上进一步挖掘潜力，力求在关键指标上压倒对方。美、苏两国不同研发思路的优劣很快就在越南战场上得到了检验。

越南战争中，从米格 -21 与 F-4 战斗机的交战情况可以看出，F-4 战斗机虽然综合性能优于米格 -21，

苏联
米格 -21 战斗机

飞机几何数据	机长：	15.4 米
	机高：	4.13 米
	翼展：	7.15 米
	机翼面积（总）：	23.0 平方米
飞机重量	空机重：	5900 千克
	最大起飞重量：	9600 千克
飞机性能数据	最大飞行速度：	2.20 马赫
	实用升限：	18700 米
	最大航程：	1300 千米
	作战半径：	270 千米
	爬升率：	150 米 / 秒
	翼载荷：	417.4 千克 / 平方米
	推重比：	0.69
	载油量：	6 个机身油箱和 4 个机翼整体油箱
动力装置	发动机型号：	P-13
	发动机数量：	1 台
	发动机最大推力：	49.98 千牛
	发动机加力推力：	64.68 千牛
	发动机类型：	加力涡喷发动机

苏联米格 -21 战斗机参数

美国
F-4 战斗机

飞机几何数据	机长：19.2 米
	机高：5.0 米
	翼展：11.7 米
	机翼面积（总）：49.2 平方米
飞机重量	空机重：13757 千克
	最大起飞重量：28030 千克
飞机性能数据	最大平飞速度：2.23 马赫
	实用升限：18300 米
	航程：2600 千米
	作战半径：680 千米
	爬升率：210 米 / 秒
	机翼载荷：383 千克 / 平方米
	推重比：0.58
动力装置	发动机型号：J79-GE-17
	发动机数量：2 台
	发动机加力推力：2 × 79.6 千牛
	发动机类型：加力涡喷发动机

美国 F-4 战斗机参数

美国 F-4 战斗机。

能够满足多任务需求且具有更远的航程，更强的雷达、通信、电子等机载设备，但在敌方防空导弹、雷达等构筑的地面防空体系面前，F-4 战斗机的高空高速性能无法有效施展，加上机载空空导弹射程近且难以锁定高机动性目标，F-4 战斗机只能被迫在中低空与敏捷异常的米格 -21 进行缠斗，因而从一开始就处于被动地位。米格 -21 虽然整体性能不如 F-4 战斗机，但在加速、爬升、盘旋、减速、滚转等部分指标上，均优于对手，因此，米格 -21 一般会在地面雷达的引导下，采取高空超声速掠袭战术，从敌机侧后方主动发起攻击，一击得手后立刻扬长而去。

冷战后期，经过越南战争、印巴战争和中东战争的实战检验，美、苏空军认识到第二代战斗机的高空高速性能并不能决定空战胜负，地空导弹的出现更使得位于高空的战斗机面临极大威胁，新一代战斗机势必需要在如何利用敌方雷达系统的低空探测盲区上寻求突破。第三代战斗机的主要特征是采用了大推重比的新型涡轮风扇发动机，其冷却技术和耐高温材料使得它的输出功率更强，并具有更小的油耗和更大的推力。先进的雷达系统、复合制导的中距空空导弹和发射后不管的红外制导近距空空导弹成为第三代战斗机的标准配置。在气动布局方面，几何可变机翼、梯形翼和三角翼等成了设计趋势，以确保战斗机在中低空飞行时仍能保持优秀的爬升、盘旋、减速、加速等机动能力。在这些标准基础上，双发重型战斗机逐步成了美、苏两国的研制重点，典型型号包括米格 -29、苏 -27、F-14、F-15 等。

米格 -29 战斗机。

苏 -27 战斗机。

苏联
苏 -27 战斗机

飞机几何数据	机长：	21.935 米
	机高：	5.932 米
	翼展：	14.70 米
	机翼面积（总）：	62.0 平方米
飞机重量	空机重：	17450 千克
	正常起飞重量：	22500 千克
	最大起飞重量：	33000 千克
燃油及载荷	机内燃油：	9400 千克
	最大武器载荷：	7000 千克
飞机性能数据	高空最大速度：	2.35 马赫（2500 千米 / 小时）
	实用升限：	18000 米
	最大航程：	3790 千米
	作战半径：	1500 千米
	推重比：	0.68
动力装置	发动机型号：	AL-31F
	发动机数量：	2 台
	发动机最大推力（单台）：	123.85 千牛
	发动机类型：	涡扇发动机

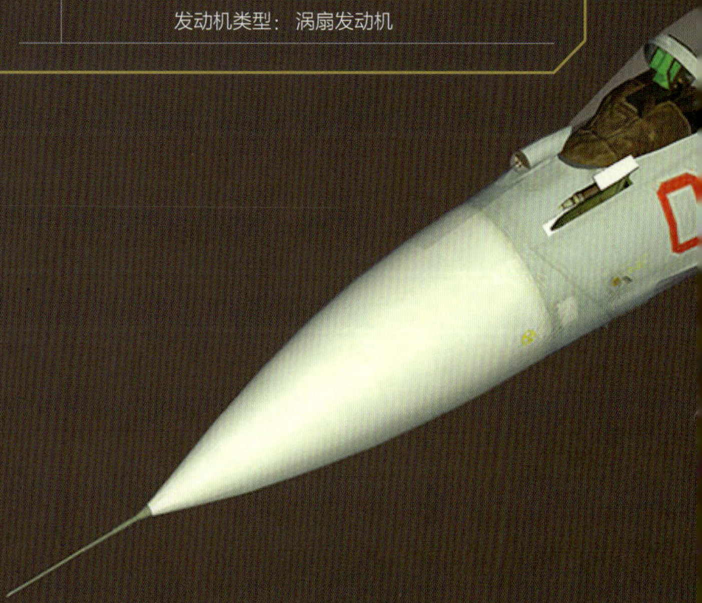

苏联苏-27 战斗机参数

美国
F-14 战斗机

飞机几何数据	机长：	19.10 米
	机高：	4.88 米
	翼展（后掠角 20°）：	19.54 米
	翼展（后掠角 68°）：	11.65 米
	翼展（后掠角 75°）：	10.15 米
	机翼面积（总）：	52.46 平方米
飞机重量	空机重：	18191 千克
	最大起飞重量：	33724 千克
燃油及载荷	机内燃油量：	7348 千克
	副油箱燃油量：	1638 千克
	外挂重量：	6577 千克
飞机性能数据	最大飞行速度：	2.38 马赫
	实用升限：	18290 米
	航程：	2573 千米
	爬升率：	152 米 / 秒
	翼载荷：	643 千克 / 平方米
	推重比：	0.75
	起飞滑跑距离：	427 米
	着陆滑跑距离：	884 米
	作战半径：	1230 千米
动力装置	发动机型号：	F110
	发动机数量：	2 台
	发动机加力推力（单台）：	124.6 千牛
	发动机类型：	加力涡扇发动机

美国 F-14 战斗机参数

F-14 战斗机。

F-15 战斗机。

后冷战时期

苏联解体后，持续 40 余年的冷战宣告结束，没有了假想敌的北约国家失去军备竞赛的动力，战斗机的更新换代速度明显放缓，第三代战斗机在不断升级电传系统、机载电子设备、机载武器和火控系统等情况下出现了众多改进型号，典型代表包括“阵风”“台风”、F-15SE 等。

美国的“先进战术战斗机”项目（F-22 战斗机）是在冷战后期为了应对苏联空军下一代战斗机威胁而设立的。在早期确定项目需求时，美国空军认为，敌方预警机的出现能够轻松克服地面杂波干扰，迅速捕获低空飞行中的第三代战斗机，从而对其造成巨大威胁。因此，超隐身能力是 F-22 战斗机的首要指标，除此之外，还要具备超强态势感知能力、超机动性、超声速巡航能力，上述四种能力首字母组成的“4S”标准，在后来也成为世界各国普遍认可的第四代战斗机标准。

为了实现 F-22 战斗机的“4S”特性，该机采用了一系列先进技术和设计理念，包括低波阻外形设计、超大迎角空气动力学设计、高升阻比设计等，装备了世界上最先进的加力式涡扇发动机，以及各型先进的雷达、导航、武器、火控、通信、态势感知等航电设备。F-22 战斗机还采取了一系列雷达波隐身和红外隐身技术，包括进气口设计、发动机尾喷口设计、隐身涂层设计、内置弹舱设计等先进理念。集众多顶级技术于一身的 F-22 战斗机虽然技战术指标惊人，但在面对单价 1.87 亿美元的“天价”时，美国也感到力不从心，仅装备了 187 架后，就关闭了 F-22 战斗机的生产线。

F-22 战斗机。

F-35 战斗机。

美国为了弥补 F-22 战斗机的数量缺陷，随即研发出一款相对低配的 F-35 战斗机，该机的重量、航程以及载弹量与 F-22 差距不大，但其发动机推力和机翼面积远小于 F-22 战斗机。

俄罗斯苏 -57 战斗机。

近年来，为了应对来自美军的空中威胁，俄罗斯和中国也相继发展出具有本国特色的第四代战斗机。

总体来看，冷战结束后，各国对战斗机的需求出现了明显差异，察打一体无人机、远程巡航导弹和高超声速导弹等武器的出现，压缩了战斗机的作战使用范围；新型反隐身雷达、预警机和远程防空导弹等武器的发展，增加了战斗机的作战使用风险；敌对双方战斗机之间爆发空战的可能性相对降低，各国更加注重战斗机的多用途能力，这些都在各国战斗机的后续改进型号上得到印证。

第二章 CHAPTER 2

现代战斗机的分类及任务

分门别类

现代战斗机主要指世界各国空军目前现役的各型第三代、第四代战斗机，根据各国国防战略、作战需求和发展方向的不同，进一步可细分为制空战斗机、高空截击机、多用途战斗机和舰载战斗机等类别。

制空战斗机

有些国家称之为歼击机，是空军航空兵部队中的主要力量，专门担负争夺制空权的任务，作战对象是敌方各类飞机或飞行物，主要携带各类空对空武器，负责与敌机进行中远距离交战和近距空中格斗。制空战斗机的特点是滞空时间长、航程远、机动性强，例如 F-15 战斗机、苏 -27 战斗机等。

专职争夺制空权的 F-15 战斗机。

适合高空高速战斗的米格 -31 战斗机。

高空截击机

专门用于截击入侵的敌方轰炸机、侦察机或巡航导弹等，主要任务是保卫本方重要目标、战略要地、指挥中心和交通枢纽等固定设施，具有全天候快速反应的特点，能够迅速奔赴指定空域进行高空高速截击任务，通常采用一击脱离战术。高空截击机速度快、升限高，但机动性和续航能力相对较弱，没有近距格斗优势。因其作用相对单一，现已逐步被各国淘汰，仅有部分国家少量装备，如米格 -31 战斗机。

多用途战斗机

有些国家称之为联合战斗机，其飞行性能优异，机动性和续航能力强，装有先进的雷达、导航、火控、

俄罗斯最新的苏 -35 多用途战斗机。

通信和态势感知等信息化设备，能够挂载、发射多种类型导弹武器。根据挂载武器的不同，多用途战斗机可以具备对空、对地、对海攻击能力，能够执行制空、截击、对地、反舰、护航、侦察、巡逻等多种作战任务，例如 F-16、苏 -35、F-35A 战斗机等。

舰载战斗机

为满足航空母舰和两栖攻击舰的作战需求，具备垂直起降、弹射起降或者滑跃起降能力的战斗机。现役舰载战斗机具备对空、对地、对海打击能力，属于多用途战斗机范畴。不同的起降方式决定了舰载战斗机可以携带的武器和油料，进而决定舰载战斗机的作战能力和作战半径。一般情况下，舰载战斗机是陆基现役战斗机的改进强化版本，或是陆基和舰载版本同步研发的“一机两型”。因此，舰载战斗机的性能具有 80% 以上的通用性，如米格 -29K、“阵风”M、F-35B/C 战斗机等。唯一例外的现役机型是美国专为海军和海军陆战队研制的 F/A-18 战斗机，该型战斗机的后期改型小批量装备了几个盟国的空军部队。

可短距 / 垂直起降的 F-35B 舰载战斗机。

另外，各国还会根据其国情、军情、战术思想和作战原则等，对某一型战斗机进行改进升级，使其具备更强的作战能力或能执行更多样化的作战任务，进而催生出新的版本和型号。一般情况下，没有国家会为了不同的作战需求同时研发多个型号战斗机，而是会选择研发多用途战斗机作为发展方向。

使命任务

现代战斗机的核心使命仍是争夺制空权，承担的作战任务主要包括对空打击、对海打击、对地打击、空中护航、战术侦察等。这些作战任务虽然在二战期间就已出现且一直延续至今，但随着战争形态的发展变化，这些任务的实施主体、作战对象、作战目的、作战区域和作战原则等内容均发生了显著变化。

早期的制空权概念是指作战进程中一定时间内，对一定空域的控制权。争夺制空权只是为了配合陆地、海上作战行动，处于整个战争的“辅助地位”，对整场战争胜负走向的影响并不是决定性的。当时战斗机的任务主要是专注于对空作战，对地、对海打击等任务均交给其他机种负责。

后期，随着航空工业的飞速发展，空中作战力量的地位和作用越发重要，在机械化战争向信息化战争不断演变的过程中，制空权的概念也变得更加宽泛。一般认为，现代制空权是将传统制空权与制天权、制电磁权等合为一体的制空权，是需要包括战斗机在内的众多作战平台、诸军兵种部队乃至整个作战体系联合争夺的控制权。现代制空权具有全面、全域、全程的特点，在现代战争进程中处于“主导地位”。从最近几场局部战争来看，现代制空权是从战争爆发到战争结束都必须绝对掌握的关键，当一方拿下整个战区的制空权时，除非另一方有来自战区外部力量的支援，否则战争胜负已无悬念。

为了达成对现代制空权的绝对控制，美军把“先发制人、联合突击、精确打击、全维夺控”的作战指导思想发挥得淋漓尽致，除了敌方升空作战的飞机外，地面的指挥中心、雷达站、机场、防空导弹阵地、通信枢纽、电力设施、军用卫星等均会成为攻击目标。美军总结近几场局部战争的经验教训后认为：现有的作战原则仅适用于当美方掌握了绝对空中优势、敌我力量对比悬殊的情况。但如果未来与另一个同等级别的大国进入战争状态或陷入局部冲突，制空权的争夺将异常激烈和持久，大概率是消耗战。如何在保存自己的同时，不断蚕食对手的有生力量，将成为决定未来战争胜负的核心问题。因此，美军现役战斗机的所有作战任务均应围绕这个目的，在整个美军的“空天一体”作战体系中进行综合考虑，包括作战原则、目标选择、武器选择、战法运用、应急处置等。

苏联解体后，继承“家业”的俄罗斯空军经过较长时间的蛰伏，正逐步恢复元气，部分战斗机开始更新换代，并在近几年的局部战争中逐渐积累了作战经验。在俄罗斯空军作战指导思想的演变过程中，始终重视研究美军空中作战力量的使用特点。俄罗斯认为，美军凭借强大的空中优势和信息优势来实施大规模高强度的空中作战行动，是其获取战争胜利的主要作战方式，未来若与美国争夺制空权，俄罗斯空军暂时无力与其持续僵持。因此，俄罗斯空军更加注重空中进攻作战，特别是对地和对海的突袭行动，强调在战争初期以“先发制人、隐蔽突然、整体协同、集中指控、核常并举”作为作战指导思想，通过积极主动的空中突袭，对敌实施毁灭性打击。因此，俄罗斯现役战斗机部队作为对地、对海作战力量的一部分，在担负相应作战任务时，需要与轰炸机部队、电子战部队、巡航导弹部队、弹道导弹部队等达成高效协同。

战力标准

现代战斗机的气动外形、机动能力、机载系统、隐身能力、机载武器等技战术性能参数是评估该机型战斗力强弱的主要依据，也是和平时期对各国不同型号战斗机进行横向对比的主要方法。

气动外形

气动外形是决定战斗机飞行性能的关键点之一，是指飞机在飞行状态下受到的各种力矩与其本身总体布局、发动机推力及稳定性之间的一个函数值。设计师在进行风洞试验时，会综合考虑函数值的最优状态，从而决定飞机的机体外形、翼面布局、发动机位置、起落架和外挂武器等设计方案。由于空气动力学和风洞试验技术在各国战斗机设计研发中已经得到普及，因而各国战斗机的外观已愈发相近。与此同时，由于各国对战斗机的使命任务和机动性要求存在差异，因而在战斗机的翼面气动布局上存在明显区别。目前，战斗机的翼面气动布局主要包括常规布局、前翼布局、三翼面布局等三类。

常规布局，是飞机诞生以来的经典布局方式，即“主翼 + 水平尾翼 +（单 / 双）垂尾”的形式。常规布局的理论和技术最为成熟，采用此方式设计的战斗机各方面飞行性能比较均衡。部分型号的战斗机会在机翼前沿根部靠近机身两侧处加装“边条”设计，用于进一步改善大迎角状态下的升力。这类战斗机机动能力强，适合大过载机动，属于强调近距格斗任务的战斗机，但其在超声速大迎角状态下的控制能力受限比较明显。采用常规布局的现役战斗机型号较多，比较具有代表性的战斗机包括米格 -29、苏 -27、F-16、F/A-18、F-22 等。

采用常规布局和“边条”设计的 F-16E 战斗机。

采用前翼布局的 JAS-39 战斗机。

前翼布局，又称鸭式布局，是一种能够显著提升战斗机超声速飞行下操控性能的布局方式，即“前翼 + 主翼 +（单 / 双）垂尾”的形式。在正常飞行状态下，前翼布局战斗机与常规布局战斗机的机动性差异不大，主要由发动机的推重比决定孰优孰劣。前翼布局能够有效降低飞机在超声速飞行时受到的阻力，保证大迎角状态下的机动性，确保机头不会过度抬升和难以控制且有利于战斗机短距起降，但缺点是会增大战斗机正面的雷达散射截面积（RCS），降低了隐身性能。现役战斗机中主要有欧洲“台风”、法国“阵风”、瑞典 JAS-39、我国歼 -10 和歼 -20 战斗机等。

三翼面布局，简单来说就是结合常规布局与前翼布局优点的一种布局方式，即“前翼 + 主翼 + 尾翼 +

采用三翼面布局的苏 -33 舰载战斗机。

（单 / 双）垂尾”的形式。三翼面布局能够提高超声速下飞机的水平机动性能和大迎角下飞机的操控性能，并能使战斗机在载荷分配上更加合理，飞行控制更加敏捷精准，也适用于有短距起降需求的舰载战斗机。三翼面布局的战斗机电传操纵系统比较复杂，翼面增多的同时也增大了战斗机雷达散射截面积（RCS），导致隐身能力较差。现役战斗机中采用三翼面布局的有歼 -15 战斗机等。

机动能力

机动能力主要是由战斗机的气动外形、发动机、飞行操控系统以及实际载荷等决定，是战斗机的重要技战术性能指标，通常包括飞行速度、作战半径、实用升限、限制过载、爬升率、飞机推重比、翼载荷、最大载荷等。通过对上述飞机通用数据的分析比较，能够相对直观地看出一款战斗机机动能力的强弱。

飞行速度，一般指飞机的最大平飞速度，通常用“马赫”作为单位，现代战斗机的最大平飞速度一般在 1.6~2.5 马赫之间。

作战半径，指飞机携带标准作战载荷在不进行空中加油的情况下，从机场起飞赴作战空域完成作战任务后返回原机场所能达到的最远单程距离。作战半径一般远小于该飞机最远航程的 1/2，是评估飞机有效作战范围的关键指标。由于作战半径还与飞行高度、速度、气象、航线等情况有关，因此是一个估算的参考值。现代战斗机的作战半径一般为 700~1600 千米。

实用升限，指在标准作战载荷下，飞机在垂直平面内作等速爬升运动时，最大爬升率为 5 米 / 秒的飞行高度。简单来说，就是飞机在这个高度还能勉强具备一定的爬升能力，但超过这个高度后，就会迅速丧失继续爬升的能力。实用升限与机体新旧程度、水平平飞速度和气象条件等有关，因此是一个估算的参考值。实用升限决定了战斗机进行交战的空域高度，理论上实用升限越高的一方越具有优势。战斗机的实用升限一般为 15000~20000 米。

限制过载，指飞机所受除地球重力之外所有外力总和与飞机重量之比的最大值，现代战斗机的限制过载一般为 7~9。需要指出的是，限制过载的主要目的是保护飞行员，而不是由于飞机在设计制造上达不到更高过载水平。

爬升率，指飞机在单位时间内的垂直爬升高度，是战斗机机动能力的一个关键指标。现代战斗机的爬升率一般在 240~330 米 / 秒。

飞机推重比，指飞机发动机在水平面的最大推力与飞机起飞重量之比，是判断飞机整体性能的一个关键指标。飞机推重比主要影响飞机的最大平飞速度、爬升率、实用升限及过载等参数。飞机推重比并非越大越好，而是各国设计人员在综合考虑发动机推力、机体自重、气动外形、经济效益、任务要求等各方面因素后得出的一个最优解。现代战斗机的推重比一般为 0.6~1。

翼载荷，指飞机起飞重量和机翼面积之比，主要影响飞机的起降性能、爬升性能、最大航程和实用升限等。理论上，翼载荷越小，战斗机的近距格斗机动性越好，但同时又会导致机翼面积更大，从而牺牲了超声速性能。因此，各国设计人员需要根据自身实际情况寻求最优解。现代战斗机的翼载荷一般为 280~550 千克 / 平方米。

最大载荷，指战斗机总共能够携带燃油和弹药的重量上限，可以通过战斗机最大起飞重量与空重的差值进行估算。由于最大起飞重量是由起飞速度、大气压力、跑道长度等决定，因此只能是一个关乎飞行安全的参考值。最大载荷越大，说明战斗机的任务载荷方案越灵活多样。双发重型战斗机的最大载荷一般为 12000~18000 千克，单发轻型战斗机的最大载荷一般为 8000~12000 千克。

机载系统

战斗机的机载系统作为战斗机的中枢，是决定战斗机作战能力强弱的基础。随着信息技术的发展，现代战斗机的各类机载设备已从早期的各自独立向融合一体的方向发展。目前，先进的机载系统一般包括综合火控系统、雷达探测系统、光电探测系统、综合显示系统、敌我识别系统、通信数据链系统、导航 / 识别系统、电子战系统、外挂管理系统、惯导系统、环境监测系统、电传操纵系统、第二动力系统、起降系统、制氧系统、弹射逃生系统和其他辅助系统等。

现代战斗机的综合火控系统是与其他航电系统互联互通、有机融合的核心系统，是飞行员掌握整个战斗机状态、获取战场态势和执行作战任务的主要平台。机载雷达探测系统一般采用脉冲多普勒雷达或有源相控阵雷达，对非隐身空中目标的正面探测距离一般为 90~160 千米，一般可同时跟踪 8~15 个目标，并同时攻击其中的 2~6 个目标。不难看出，对空中目标探测距离越远，可同时跟踪和攻击的目标数量越多，战斗机综合火控系统越先进。

通信数据链系统是构建信息化条件下空中作战体系的必备系统，是与本方战斗机、预警机、轰炸机、地面部队、水面舰艇、岸基指挥中心等进行信息互通的桥梁，也是战斗机感知战场态势、进行超视距引导作战和编队协同作战的基本保障。现代战斗机的战术数据链一般具有多种加密和抗干扰工作模式，传输速率为 50~240kb/s 不等，并在继续向高速率、智能化、异构组网等方向发展。

在人机交互方面，“全玻璃化座舱 + 彩色多功能液晶显示器 + 平视显示器 / 数字头盔”的综合显示系统已成为现代战斗机的标配。它能够帮助飞行员在瞬息万变的情况下，及时掌握更多信息，做出最合理的决策。

虽然不同型号战斗机的机载系统性能缺乏一个可以量化对比的直观方法，但机载航空电子设备的“有无”与系统技术水平的“高低”，标志着现代战斗机的先进程度，是信息化条件下战斗机作战能力的“力量倍增器”。

隐身能力

隐身技术，也称为“低可探测技术”，强调通过各种技术手段来降低本方战斗机的可探测性。随着雷达、红外、电子、可见光等对空探测技术的不断发展，现代战斗机的隐身性能已成为决定其战场生存能力和隐蔽突袭能力的关键因素之一。第四代战斗机在机体设计、机身涂料、武器挂载等方面，都将隐身能力作为优先需求予以设计。现代战斗机隐身能力越好，则必定具有越小的雷达散射截面积、越低的红外特征，以及越不明显的可见光特征等。

雷达散射截面积是评价战斗机电磁波隐身能力的常用指标，表示目标在雷达波照射下所产生的回波强值，单位为“平方米”。战斗机正面的雷达散射截面积越小，则敌方雷达的有效探测距离越小，从而达到隐蔽的目的。现役第三代战斗机正面的雷达散射截面积一般为3~10平方米，第四代战斗机正面的雷达散射截面积一般为0.3平方米左右。

机载武器

现代战斗机机载武器决定了战斗机的综合作战能力，是战斗机取得战果、完成任务的“利器”，是空战胜负“天平”上的重要“砝码”。机载武器主要包括近距格斗导弹、中距空空导弹、远程空空导弹、空对地导弹和空对舰导弹等。机载武器的有效射程、发射条件、挂载数量、制导方式、飞行速度、射界限制、命中精度和弹头威力等，都是确定战斗机基本战术的重要依据，也是评价战斗机作战效费比的重要参考。

第三章 CHAPTER 3

现役典型战斗机的技战术性能

美国 F-22 战斗机

美国 F-22 战斗机是由美国洛克希德 · 马丁公司和波音公司联合研制的世界上第一款四代战斗机，该机开创了第四代战斗机“隐身（Stealth）、超声速巡航（Supersonic）、超强战场态势感知（Superior-sensor）和超机动（Super-agility）”的“4S”标准概念。随着信息技术、武器技术和航空电子技术的飞速发展，这个标准逐步演变为更实际的“先敌发现、先敌发射、先敌猎杀”的“3F”作战能力需求。F-22 战斗机是世界各国研制各自四代战斗机的主要参考对象，美空军凭借该机强悍的作战性能，进一步巩固了其在当今时代的空中霸权。

机体设计

气动外形设计

F-22 战斗机是一款单座双发布局的空优战斗机，具备全天候作战能力。为了兼顾隐身、超声速巡航和超机动等设计要求，该机采用外倾双垂尾常规气动布局，应用了小展弦比梯形机翼、一体化尾翼和外倾 27° 垂尾；机身水平安定面布置在靠近机翼的位置，垂尾由固定部分和全向活动舵面两部分组成；机翼和尾翼采用相同的后掠角和后缘前掠角等全新设计理念。F-22 战斗机还采用了同 F-18 战斗机类似的倾斜式加莱

美国 F-22 战斗机

代号：Raptor，猛禽

通称：洛克希德 · 马丁 F-22“猛禽”，是美国一型单座双发高隐身性第四代战斗机，是世界上第一种进入服役的第四代战斗机。

美国 F-22 战斗机

美国 F-22 战斗机三视图

F-22 战斗机雷达隐身和红外抑制的尾喷口特写。

特进气道，两个进气道布置在机翼前缘边条下方，确保战斗机在超声速飞行时能够获得均匀的进气效率，且有效降低了雷达散射截面积（RCS）。该机的发动机尾喷口还采用了有效抑制发动机红外辐射水平的创新设计方案，使得 F-22 战斗机在各个方向的雷达和红外隐身效果都达到了最优水平。F-22 战斗机主要凭借出色的隐身能力和超视距作战能力来击败对手，但其机动能力在近距空战时与现役第三代战斗机相比没有明显优势。

机体结构设计

F-22 战斗机在结构上广泛采用了重量较轻的铝锂合金、热加工塑胶和人造纤维等复合材料，复合材料比重达到机身总重量的 35%~40%，在大幅降低机体空重的基础上，加强了机体强度，为实现超声速和超机动飞行奠定了基础。新型的复合材料还可较好地吸收雷达波，而其外露机身结构部分均涂有吸波和散波涂料，这也进一步降低了雷达散射强度。F-22 战斗机在两个发动机机腹前侧布置了 2 个并列的主弹舱，在进

生产线上的 F-22 战斗机。

F-22 战斗机主弹舱和侧弹舱同时开启。

F-22 战斗机侧弹舱发射 AIM-9 导弹的尾焰测试。

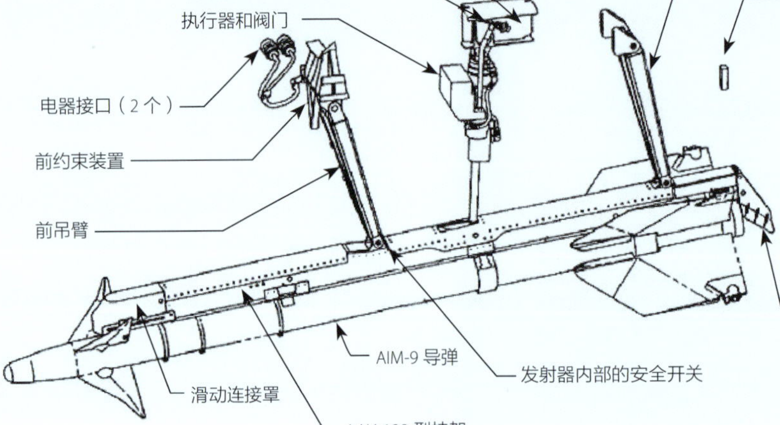

F-22 战斗机的侧弹舱挂架结构示意图。

气道外侧各布置了 1 个侧弹舱。正常情况下，F-22 战斗机作为空优（空中优势）战斗机，主要执行空战任务，因此全部武器都隐蔽挂载在 4 个弹舱中，并对各类适用武器的尺寸和发射方式有明确要求。其中，2 个并列主弹舱内具备伸缩式发射架，总共可以携带 6 枚 AIM-120 系列中程空空导弹或数量不等的各类小型航空炸弹，每个侧弹舱可搭载 1 枚 AIM-9 系列近程空空导弹。此外，机翼还设有 4 个外挂架，用于挂载副油箱和大尺寸的对地 / 对海远程导弹。

航电架构设计

F-22 战斗机的航电架构开创了第四代战斗机在这方面设计理念的先河，首次采用了“宝石柱”综合航电架构设计概念。该架构主要通过高速光纤作为数据总线，将战斗机上搭载的各型先进航电设备与高性能核心计算机相连，使各种作战、情报、通信、导航、态势等信息全部汇总给核心计算机进行数据融合和综合处理。当各类数据被可视化处理后，实时显示在驾驶座舱的数字显示系统中，并随时响应飞行员的各类操作。“宝石柱”架构是一种模块化的可重构架构，各模块分别担负综合系统的一部分工作，当某个模块发生故障时，其他正常模块可立即接手工作，有效提高了综合系统的可靠性。F-22 战斗机的综合航电系统主要包括：2 台互为备份的 CIP 核心计算机系统、ICNIA 综合通信 / 导航 / 识别系统、INEWS 电子战系统、AN/APG-77 有源相控阵雷达系统、EOSS 光电探测系统、HIIC 惯性导航系统、数字化飞控系统、辅助起飞着陆系统以及机载供电 / 冷却等各类辅助系统。F-22 战斗机采用的 IEEE 1553B 总线标准，在宽频光纤传输介质的支持下，传输速度可达 548MB/s，远高于北约通用的 Link-16 数据链传输标准。海量汇入的实时战场信息在高性能核心计算机的支撑下，使 F-22 战斗机具备了第三代战斗机无法比拟的态势感知能力、辅助决策能力和综合作战能力。

机载系统设计

F-22 战斗机综合航电系统的软件部分采用了“集中处理”方式，主要包括雷达射频分系统、电子战射频分系统、干扰器控制分系统、飞行控制分系统、通信导航分系统和机载武器控制分系统等多个软件模块。机载系统软件主要基于 1983 年 IBM 的 MVS 操作系统进行编写，共有约 170 万行源代码，其中 90% 都使用的是 Ada 编程语言，剩余部分的其他程序语言主要用于特殊功能处理和维护保养需求等，从而使整机各型航电硬件设备的软件兼容性极高。但由于 F-22 战斗机的研制时间较早，早期的软件设计理念已经逐渐不适应新的信息化技术水平了。因此，F-22 战斗机的整体

完成升级的 F-22 战斗机四机编队在阿拉斯加参加演习。

信息化程度在第四代战斗机中处于较低水平，需要进行软件升级，才能实现与新型 F-35 战斗机的数据链通信。目前，F-22 战斗机主要进行了 5 次软件系统和航电设备升级，分别为“增量”-2、“增量”-3.1、“增量”-3.2A、“增量”-3.2B 和“增量”-3.2C，力争将 F-22 战斗机的中枢网络系统升级为开放式体系架构，实现“任务载荷未知”的即插即用能力，但由于软件开发和测试速度缓慢，实际进度远落后于预计完成时间。

驾驶座舱设计

F-22 战斗机采用了全新的一体式水泡型座舱盖，取消了加强框和固定风挡等加固措施，整体舱盖镀有一层复合玻璃膜以减少雷达反射能力，但不影响可见光透过，这体现了美国航空工业的先进制造水平。驾驶座舱采取“手不离杆”的设计思路，右侧为操纵杆，左侧为节流阀，杆位上分别设有各种功能按键。座舱显示系统主要包括 1 个平视显示器、4 个多功能下视显示器、2 个小型状态显示器和综合控制面板。平视显示器主要用于显示飞行、导航和战术信息；4 个多

F-22 战斗机的新式一体化玻璃座舱。

F-22 战斗机座舱向后开启状态特写。

F-22 战斗机采用了“手不离杆”设计理念的驾驶座舱。

功能下视显示器分“1 主 3 辅”成 T 型布置，主显示器主要显示战场实时态势，3 个辅助显示器主要显示攻击信息、目标信息、防御信息、威胁信号源信息、机载系统状态信息和武器挂载信息等。综合控制面板

左右两侧的2个小型状态显示器主要显示综合告警、飞行姿态、飞机状态等信息；中央综合控制面板主要供飞行员输入任务、导航、通信和自动驾驶等数据。F-22战斗机还采用了美国空军常用的ACES Ⅱ型弹射座椅，并在座舱内安装了一套复杂的飞行员生命保障系统，包括机载氧气系统、飞行员大过载防护服以及氧气含量与压力监控设备等。F-22战斗机受技术风险限制，没能实现飞行员语音输入控制功能。

带空速管的F-22原型机。

性能特点

隐身性能

F-22战斗机在设计之初就全面考虑了雷达与红外隐身能力这个关键指标，并将其作为未来空战的制胜法宝。因此，在F-117攻击机和B-2隐身轰炸机等设计使用经验的基础上，F-22战斗机采用的低阻隐身外形非常具有科幻感，机头、机身、进气道与各类机载设备等完全采用一体化隐身设计，全身表面平滑，没有任何贸然凸起之处，机体各处的外部轮廓线都严格遵循平行原则，发动机尾部隐藏在机身内部。F-22战斗机的进气道采用S型设计，从菱形进气口至发动机的通道不是延纵向轴线布置，而是向内和向上弯曲，从而有效避免了发动机叶片和通道的雷达波反射问题。此外，以往战斗机的驾驶座舱是一个巨大的雷达反射源，但F-22战斗机首次采用的一次成型的全玻璃座舱盖却具有明显的雷达隐身效果。一系列雷达隐身措施使得F-22战斗机的雷达散射截面积（RCS）仅有第三代战斗机的1/100不到，不同方向的雷达散射截面积约为0.01~0.08平方米，这意味着，目前世界各型战斗机机载雷达发现F-22战斗机的距离不会超过30千米。在红外隐身能力方面，F-22战斗机的动力系统也将减少红外辐射作为一项基本技术指标，搭载的F119-PW-100型涡扇发动机具有排气温度低的特点，其矩形的二元推力尾喷管能有效将高温的尾喷气流压扁分散，从而显著降低了战斗机尾部的红外特征。

飞行性能

F-22战斗机装备2台普·惠（普拉特·惠特尼）公司的F119-PW-100低涵道比加力涡扇发动机，单台最大推力为116千牛，加力推力为156千牛，涵道比为0.2~0.3，发动机推重比超过10。相对于上一代战斗

F-22战斗机的F119-PW-100发动机。

F-22 战斗机降落瞬间。

F-22 战斗机特殊的背部加油方式。

机的发动机，F119-PW-100 发动机作为一款新型双转子涡轮风扇发动机，采用了大量成熟技术和创新理念，包括二维矢量喷管、空心风扇叶片、新型材料涡轮转子和复合材料风扇进口机匣等，有效减轻了发动机重量，提高了推重比，并在发动机结构相对简单的情况下，将其使用寿命提高了 50%。F119-PW-100 发动机采用了推力矢量技术，发动机喷口能在纵向 ±20° 范围内进行快速偏转，结合其先进的双余度全权限数字控制系统，使 F-22 战斗机具备了极佳的俯仰操控性、过失速机动性和短距起降性能。F-22 战斗机的加力推重比为 0.84，在不开加力的情况下可以保持 1.5 马赫的超声速巡航状态达 30 分钟以上，在 9000 米高空从 0.8 马赫加速至 1.8 马赫仅需要 45 秒，高空高速盘旋过载可达 5~6。在推力矢量技术的帮助下，F-22 战斗机还可以在 500 米的跑道上实施起降。在进行空中加油和挂载副油箱时，F-22 战斗机的作战半径还能够得到进一步提升。

探测性能

F-22 战斗机装备的 AN/APG-77 有源相控阵雷达相比无源相控阵雷达系统有着更强大的探测能力，该型雷达拥有约 2000 个 T/R 模块，能够实现波束捷变功能，避免了常规雷达在较窄频段内的高功率脉冲工作方式，使现役各型第三代战斗机难以发现 F-22 战斗机的雷达信号，因而极大增强了其超视距先敌发现和攻击能力。AN/APG-77 雷达能够对机头水平方向 ±90°、俯仰角 ±60° 的范围进行探测，对雷达散射截面积 3 平方米左右的第三代战斗机最远探测距离为 200 千米，可同时跟踪 30 个空中目标并攻击 8 个，对地 / 对海探测

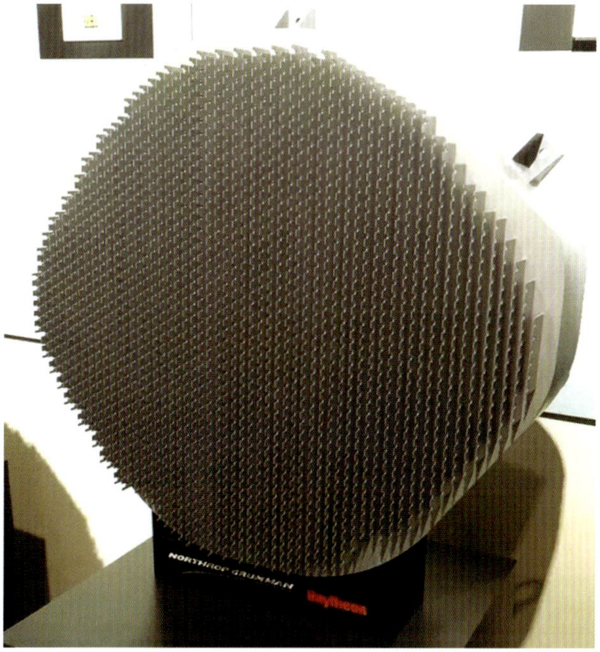

AN/APG-77 有源相控阵雷达。

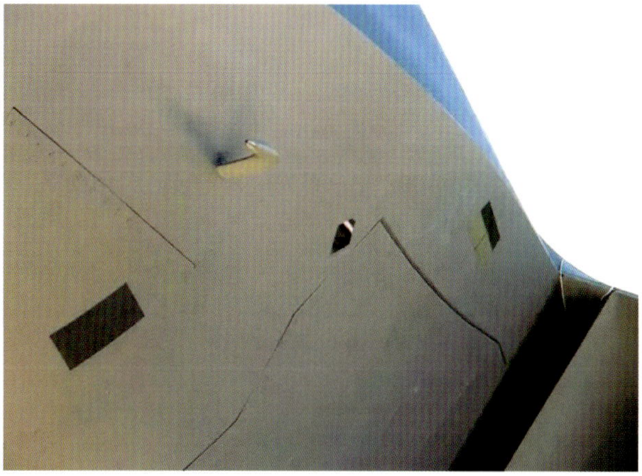

F-22 战斗机机身上 AN/ALR-94 的传感器窗口。

时可以同时跟踪 16 个目标，最大探测距离达 170 千米，并具备地形自动跟踪和规避能力。F-22 战斗机的后视雷达主要用于对空探测和警戒，覆盖机尾水平方

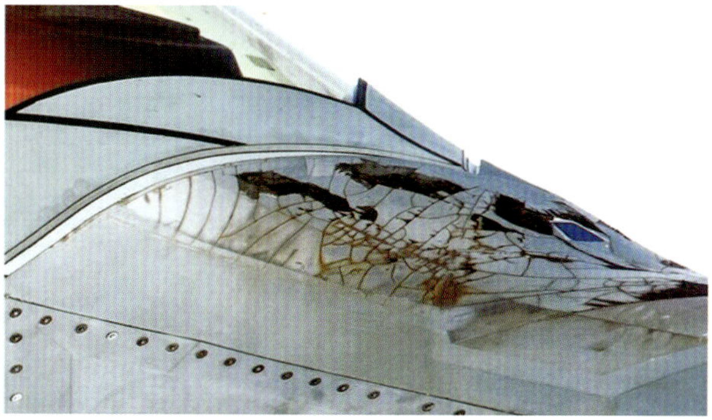

F-22 战斗机机头传感器窗口附近的隐身涂层已严重破裂。

向 ±70°、俯仰角 ±60° 的范围，作用距离约为 60 千米。最新批次的 F-22 战斗机原计划装备 AN/APG-77V2 型雷达，相比早期装备的 AN/APG-77 雷达增加了侧视相控阵雷达阵列天线，以扩大机身侧面的探测范围，但由于重量和成本等各种因素，至今未能实现升级，这使 F-22 战斗机的后半球盲区仍然存在。

F-22 战斗机搭载的 INEWS 电子战系统具有雷达告警、导弹告警、电子侦察和电子对抗等功能，工作频率覆盖了 0.5~18 吉赫兹，可以在毫米波、厘米波和可见光范围内探测、定位目标。INEWS 电子战系统中最复杂的模块是 AN/ALR-94 无源电子战分系统，该分系统由美国桑德斯公司研发生产，号称是当今世界上最精密、最复杂、最具科技含量的被动传感系统。AN/ALR-94 无源电子战分系统在 F-22 战斗机机翼的前后缘上布置了 4 个天线阵列，共 156 组天线单元，从而构筑起 360° 无死角的全频段射频信号侦察、监视功能，在机载 AN/APG-77 雷达被动工作模式下，AN/ALR-94 甚至可以被动探测到 400 千米外空中目标发出的电子信号，从而使 F-22 战斗机可以提前对目标进行多机交叉定位，连续跟踪目标动态并实时更新空情态势，隐

蔽接敌后发起超视距攻击。AN/ALR-94 无源电子战分系统作为 F-22 战斗机被动探测能力的有效补充，在飞机机头和机身共布置了 6 组传感器，可对红外末制导导弹和敌机红外信号进行 360° 探测、跟踪，并可进行红外成像。

综合系统性能

F-22 战斗机搭载了各类先进的信息化航电设备。其中，2 台 CIP 核心计算机系统的计算能力相当于 2 台 Cray 超级计算机，1 台主要负责处理 AN/APG-77 雷达信息和 ICNIA 综合通讯 / 导航 / 识别系统信息，1 台主要处理 INEWS 电子战系统的各类传感器信息。这 2 台 CIP 核心计算机互为备份，每台 CIP 处理能力达 200 亿次 / 秒，并留有较大的升级空间。未来，随着航电设备数据量的不断增加，F-22 战斗机 CIP 的处理能力可拓展至 550 亿次 / 秒，保证了其系统的稳定性和流畅性。ICNIA 综合通信 / 导航 / 识别系统为 F-22 战斗机提供了无线电通信、数据链传输、GPS 导航、目标识别和微波着陆系统等功能。其中，数据链具有联合战术信息分配能力，可与友军自动共享战场态势、目标信息、打击列表以及本机弹药油料状态等，有效减少了飞行员的操作负担，使 F-22 战斗机在不开雷达的情况下还能具有引导攻击能力。HHC 惯性导航系统主要由利顿公司研制的 2 台 LN-100F 环形激光陀螺组成，部署在 F-22 战斗机机载雷达后侧，采用独立光纤与 CIP 相连，当其与 GPS 协同工作时，具有极高的导航精度。INEWS 电子战系统中还有一套 AN/ALE-52 红外 / 雷达对抗设备，用于发射红外和箔条诱饵弹等对来袭导弹进行被动抗击。

美国 F-22 战斗机

飞机几何数据	机长：	18.923 米
	机高：	5.08 米
	翼展：	13.5636 米
	机翼面积（总）：	78.04 平方米
动力装置	发动机型号：	F119-PW-100
	发动机数量：	2 台
	发动机推力（单台）：	116 千牛
	发动机最大推力（单台）：	156 千牛
	推重比：	0.84（发动机）
	发动机生产公司：	普 · 惠公司
飞机重量	空机重：	19660 千克
	正常起飞重量（100% 油）：	30206 千克
	战斗重量（52% 油）：	25776 千克
	最大起飞重量：	37606 千克
燃油及载荷	机内燃油：	8200 千克
	外挂两个机翼副油箱：	11900 千克
	一般载重量：	1116 千克
	最大载重量：	10370 千克

飞机性能数据

最大平飞速度：	1964 千米 / 小时（1.82 马赫）（超级巡航）
最大平飞速度：	2700 千米 / 小时（2.25 马赫）（加力状态 13700 米高度）
最大平飞速度：	1500 千米 / 小时（1.21 马赫）（加力状态海平面）
最大升限：	19800 米
实用升限：	19200 米
起飞 / 着陆滑跑距离：	915 米
航程：	2500 千米（无副油箱，100% 机内燃油）
航程：	3300 千米（100% 机内燃油 +2 个副油箱）
航程：	5700 千米（100% 机内燃油 +4 个副油箱）
超声速航程：	1300 千米（1.5 马赫）
作战半径：	760~1100 千米（不含空中加油）
作战半径：	759 千米；其中约有 180 千米的部分为超声速巡航（采用内置满挂载 + 内油无副油箱）
翼载荷：	37.5 千克 / 平方米
推重比：	0.84

其他

首飞时间：	1997 年 9 月 7 日
服役时间：	2005 年 12 月 15 日
主要使用国：	美国
主要制造商：	洛克希德 · 马丁公司 波音公司 通用公司
状态：	服役中
制造数量：	195 架（8 架测试型，187 架作战型）
单价：	1.5 亿美元（2009 年）
预期寿命：	8000 小时

F-22 战斗机性能参数

F-22 战斗机发射红外诱饵。

武器装备

F-22 战斗机是专门设计用于称霸天空的第四代战斗机，飞机上可装备 AIM-120 系列中程空空导弹、AIM-9 系列近程空空导弹、“游隼”（Peregrine）中距空空导弹、GBU-32 联合直接攻击弹药（JDAM）、GBU-39 小直径炸弹（SDB）和 AGM-88 反辐射导弹等。另外，F-22 战斗机机身右侧还隐蔽内装了 1 门 20 毫米口径 M61-A2 机炮，备弹 480 发。在不考虑隐身的情况下，F-22 战斗机还可利用 4 个外挂架携带最多 4 个副油箱或更多的空空导弹。

F-22 战斗机的武器挂载方案

型　号	射　程	制导方式	最大挂载量
AIM-120 系列中程空空导弹	120 千米	主动雷达 /GPS/ 数据链 / 伙伴引导模式	6（弹舱）/ 10（含外挂架）
AIM-9 系列近程空空导弹	18 千米	红外	2（弹舱）/ 4（含外挂架）
“游隼”中距空空导弹	70 千米	主被动雷达 + 数据链	12（弹舱）

（续）

型　号	射　程	制导方式	最大挂载量
GBU-32 联合直接攻击弹药	/	GPS 导航	2（弹舱）/ 4（含外挂架）
GBU-39 小直径炸弹	80 千米	惯导 +GPS 导航	8（弹舱）/ 16（含外挂架）
AGM-88 反辐射导弹	150 千米	被动雷达	2

F-22 战斗机武器挂载方案

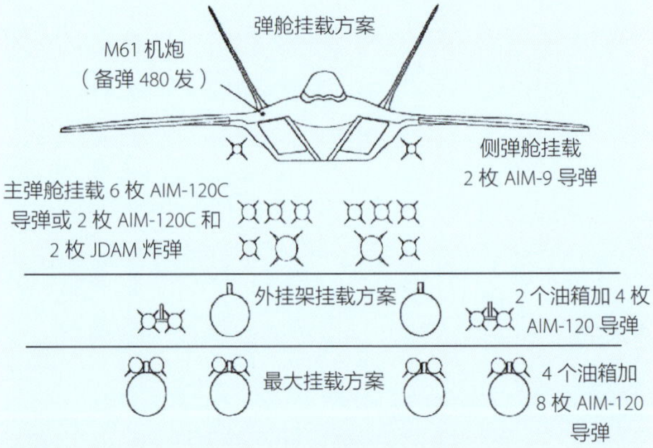

F-22 战斗机几种典型挂载方式

F-22 战斗机挂载下一代“游隼”中距空空导弹想象图。

携带副油箱的 F-22 战斗机。

综合评价

F-22 战斗机在隐身性、机动性、航电设备、武器配置等方面全面领先于世界上其他型号战斗机，开创了一个新的时代，树立了一个新的标杆。但随着航空技术的飞速发展，F-22 战斗机的弱点也逐步显现，在作战效能、飞行控制、探测能力和航电水平等方面已逐步落后于 F-35 战斗机等具备“后发优势”的第四代战斗机，甚至已无法压制部分升级后的三代半战斗机。在美空军组织的“红旗”军演中，美国 EA-18G 电子战攻击机和欧洲“台风”战斗机等均先后取得过击落 F-22 战斗机的记录。

美国 F-35 战斗机

美国 F-35 战斗机是一款由美国洛克希德·马丁公司设计的第四代多用途战斗机，主要用于对空作战、对地轰炸、对海打击、战术核打击等任务，未来还将作为首款安装机载激光武器的战斗机平台，并赋予其拦截敌方巡航导弹和助推段弹道导弹的作战任务，可谓是真正意义上的“全能”战斗机。F-35 战斗机主要有 3 种衍生版本，包括传统跑道起降的 F-35A 型、短距 / 垂直起降的 F-35B 型，以及弹射起飞 / 拦阻降落的 F-35C 型。F-35 战斗机虽然在隐身性、敏捷性、机动性和作战半径等方面不如 F-22 战斗机，但凭借其先进的航电系统、强大的武器系统和庞大的装备数量，势必会成为未来空战的主要力量。

象征美国空中霸权的 F-22 战斗机双机编队。

带空速管的 F-35A 原型机（编号 AA-1）。

机体设计

气动外形设计

F-35 战斗机是一款单座单发的多用途战斗机，借鉴了 F-22 战斗机的气动外形设计经验，采用梯形机翼、常规尾翼、外倾双垂尾的常规气动方案。其中，机翼和尾翼的前缘后掠角均为 35°，双垂尾分别外倾 25°，并采用传统的窄边条翼设计，从机头延伸至机翼前缘，从而提高了大迎角下的升力。F-35 战斗机强调正面隐身能力，针对前半球方向的各类探测设备进行了隐身设计与优化处理，该机与 F-22 战斗机一样使用了各种棱角、梯形、斜面和翼身融合设计，进气道则采用了优化后的 DSI 进气道，分布于机身两侧。整体来看，F-35 战斗机的气动外形是 F-22 战斗机的“低配”版本，在隐身性能、超声速巡航和超机动性等指标上均明显下降。F-35 战斗机采用了全新的数字化设计技术，参与该项目研制的各个国家能够在网络上共同完成该机的三维实体设计、仿真实验和生产制造等工作，有效节约了以往在制造原型机时需要耗费的大量人力、物力和时间。

机体结构设计

F-35 战斗机的机体结构具有极高的通用性。F-35A 战斗机与 F-35C 战斗机具有基本相同的机体结构，主要区别在于 F-35C 战斗机加大了襟翼及前缘襟翼，增加了机翼面积和着舰拦阻钩，并加固了机身和起落架，这些改动使 F-35C 具备更好的航母起降能力以及更大的机翼油箱容量。A、B 型在机身结构上均采用 1.27 厘米厚的铝合金，而 C 型则采用 1.90 厘米厚的钛合金。

美国 F-35 战斗机

F-35 战斗机绰号“闪电Ⅱ”，是美国一型单座单发战斗机，在世界上属于第四代战斗机。

F-35A 战斗机 CG 图

F-35A 战斗机三视图

02
02
US NAVY
02
02

F-35B 战斗机 CG 图

F-35B 战斗机三视图

F-35C 战斗机 CG 图

F-35C 战斗机三视图

F-35 战斗机 JSF 复合件

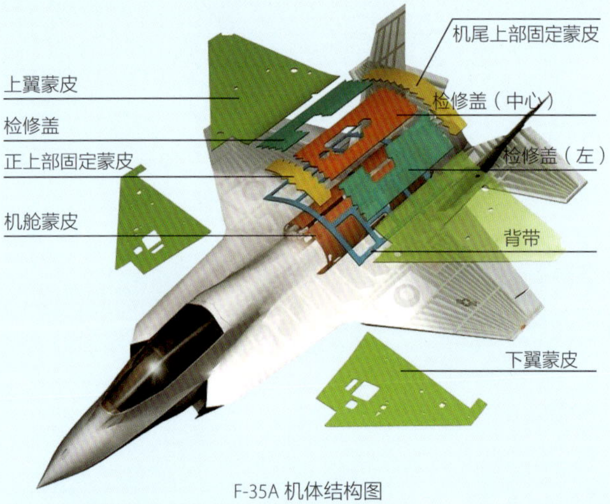

F-35A 机体结构图

垂直起降中的 F-35B 战斗机。

正在加紧研发测试中的弹射型 F-35C 舰载战斗机。

F-35B 战斗机机体结构图。

F-35 战斗机内置弹舱特写。

C 型在机体强度明显增加的同时，起飞重量也有所增加，整机机体寿命达到了 8000 小时。机体结构最复杂的 F-35B 战斗机为了满足短距 / 垂直起降的能力，在其机身内部用一根传动轴连接发动机和座舱后侧的升力风扇，从而获取了优秀的垂直起降性能，但同时也压缩了内部弹舱空间，因而被迫采用两个侧弹舱的布局方式，减少了武器挂载数量。F-35 战斗机机翼和腹部总共设有 6 个外挂架，可以携带更多的对地 / 对海武器，以实现最大的攻击效能。

F-35 战斗机安装的 AN/AAQ-40 光电瞄准系统（EOTS）。

航电架构设计

F-35 战斗机“宝石台”航电架构在延续 F-22 战斗机“宝石柱”架构的基础上，实现了各航电系统之间的互联互通与数据融合。其主要航电设备包括：2 台互为备份的新型 CIP 核心计算机系统、AN/APG-81 有源相控阵雷达系统、AN/AAQ-37 光电分布式孔径系统（EODAS）、ASQ-239 综合电子战系统、AN/AAQ-40 光电瞄准系统（EOTS）、三余度数字飞控系统、导航识别系统以及其他必要的辅助系统等。HSDB 高速数据总线标准传输速度达到 2GB/S，远远超过 F-22 战斗机的总线传输速度。

F-35 战斗机半埋式 AN/AAQ-40 光电瞄准系统传感器特写。

机载系统设计

F-35战斗机由于需要执行多样化任务，加之装备了各式各样先进的航电设备，其机载软件系统的规模暴增到800万行源代码。软件系统则延续了F-22战斗机的编写理念，95%的源代码均采用Ada语言编写，从而保证了F-35各型航电设备软件之间极高的兼容性，以及能够与F-22战斗机的后续升级保持更好的同步性。目前，F-35战斗机主要有Block-2B、Block-3F、Block-4等多个软件版本，每个版本意味着F-35战斗机可以使用更多型号的机载武器和具备更强的航电性能。由于F-35战斗机机载系统最大的优点是极大减少了飞行员数据分析的工作强度，因此，软件系统中作战任务模块的软件源代码就达到了450万行，用于保证核心计算机能够将所有传感器和数据链获取的海量信息进行融合计算、处理和分析，为飞行员提供直观的情报融

升级为 Block-3F 版本的第一架 F-35 战斗机。

合、决策建议、行动计划和信息提示等内容。

驾驶座舱设计

F-35 战斗机玻璃座舱采用了传统的加固条设计，是少有的向前开启方式。驾驶座舱采取“手不离杆”的设计思路，右侧为操纵杆，左侧为节流阀。座舱显控系统采用 2 个大型全景多功能显示器，每个显示器分辨率为 1280×1024，既支持触摸屏幕操控，又支持语音输入操控，还可以通过左右两个操作杆上的按键进行操控。这 2 个显示器互为备份，能够将以前需要多个显示器分别显示的所有内容融合到一起，由飞行员自主切换，可全屏显示战场整体态势图，也可分成若干小屏显示各项参数。F-35 战斗机是第一款取消平视显示器的战斗机，所有功能全部集成到飞行员新型头盔的显示器中，该头盔显示器可覆盖水平方向 ±40° 和垂直方向 ±30° 的肉眼视野范围，使飞行员能够在近距离格斗中具备更快的反应时间。F-35 战斗机座舱内采用

F-35 战斗机玻璃座舱特写。

F-35 战斗机玻璃座舱。

F-35 战斗机飞行模拟器。

夜航状态的 F-35 战斗机。

最新型的 US16E 弹射座椅和一套与 F-22 战斗机类似的飞行员生命保障系统，但由于设计缺陷，存在一定安全隐患。

性能特点

隐身性能

F-35 战斗机采用与 F-22 战斗机相同的翼身融合设计，机翼与尾翼的前、后缘各自保持平行，机翼前缘更加光滑，外倾式双垂尾的角度略小于 F-22 战斗机。该机采用双曲度 DSI 进气道，有利于隐蔽发动机叶片的雷达波反射，其内置弹舱设计和隐蔽式传感器设计也有利于提升雷达隐身能力。由于 F-35 战斗机没有装备推力矢量喷口，因此其发动机喷管为带锯齿边缘的环形喷管设计，这使得 F-35 战斗机后半球的雷达和红外隐身性能与 F-22 相比大打折扣。此外，F-35 战斗机座舱盖的加固框条也会增加雷达散射截面积。但 F-35 战斗机也采用了一些 F-22 战斗机没有用到的技术，如新型的“Z13”隐身涂料，它在保证雷达波吸收性能的同时，使 F-35 战斗机的表面更加光滑、均匀、持久，且易于生产和维护。F-35 战斗机使用的新型 F135 发动机将部分波段的红外辐射强度大幅降低，并使波瓣的宽度变窄，提升了对来袭红外末制导导弹的规避概率。F-35 战斗机为了降低生产成本，在气动外形设计时注重保持前半球隐身能力，牺牲了部分后半球的隐身性能。整体来看，F-35 战斗机的隐身能力在世界上仍处于相当先进的水平，它的正面雷达散射截面积（RCS）能够达到 0.065 平方米左右，红外隐身效果也相当优秀。

飞行性能

F-35 各型战斗机的发动机均装备了 1 台由普·惠公司设计的 F135 系列发动机，保证了其发动机的通用性。其中，F-35A 战斗机装备的是 F135-PW-100 发动机，F-35B 战斗机装备的是 F135-PW-600 发动机，F-35C 战斗机装备的是 F135-PW-400 发动机。F135 发动机是 F-22 战斗机装备的 F119-PW-100 发动机的推力增强版本，最大推力可达 187 千牛，使单发的 F-35 战斗机达到了与双发的 F-22 战斗机大致相当的推力水平。F-35A 战

F-35B 战斗机的 F135-PW-600 发动机。

F-35 发动机地面测试。

斗机和 F-35C 战斗机的发动机结构与 F-22 战斗机基本相同，采用一个涡轮驱动的 6 级高压压气机、短环形燃烧室和高压涡轮，并使用了更强的低压系统，以提升发动机的空气流量、工作温度和涵道比。F-35B 战斗机的发动机在上述基础上增加了升力风扇、三轴承旋转喷管、滚转控制喷管等部件，使其在大推力发动机和独特的升力系统设计下，具有了目前世界上最先进的垂直起降能力。F-35 战斗机在 F135 发动机的帮助下，实现了合格的超声速巡航能力、良好的机动能力、强大的武器挂载能力和优秀的短距 / 垂直起降能力，虽然无法达到 F-22 战斗机 1.5 马赫的超声速巡航速度和超机动能力，但在以对地 / 对海攻击为主的作战任务中，已足够抗衡各类敌方空中目标的威胁。

探测性能

F-35 战斗机对空最大探测距离大约为 160 千米，与 F-22 战斗机装备的 AN/APG-77 雷达探测距离有一定差距，但 AN/APG-81 雷达在重量和体积上仅有 APG-77 雷达的一半，且雷达寿命达到了与 F-35 战斗机机体寿命同样的 8000 小时，极大减轻了全寿命周期内的维护成本。此外，AN/APG-81 雷达系统具备更强的对海探测能力、自动目标识别能力、合成孔径雷达地图测绘能力、地面机动目标指示能力和海上机动目标指示能力，有效提升了 F-35 战斗机的对地 / 对海作战能力。F-35 战斗机装备的 AN/AAQ-37 光电分布式孔径系统（EODAS）由 6 套光电探测装置组成，负责实时生成机身 360° 无死角的红外 / 可见光 / 夜视图像，并提供来袭空中目标和导弹的全向监控与告警，该系统还可以使飞行员轻松目视识别远处空中、地面和海上的目标类型和具体细节。AN/AAQ-40 光电瞄准系统（EOTS）安装于机头内部，与机载雷达共用空间，是 F-35 战斗机的被动红外探测设备，并具备红外成像、红外搜索跟踪和目标激光指示等功能，这使得 F-35 战斗机不再像其他战斗机那样需要增挂各种类型的光电吊舱。F-35 战斗机的 ASQ-239 综合电子战系统分别在主翼前、后缘以及尾翼后缘等 6 个位置装有隐藏式的电子战天线，为战斗机提供全向、全时、被动、宽频的电子保护能力，能够在本机雷达不开机时，具备全向雷达告警能

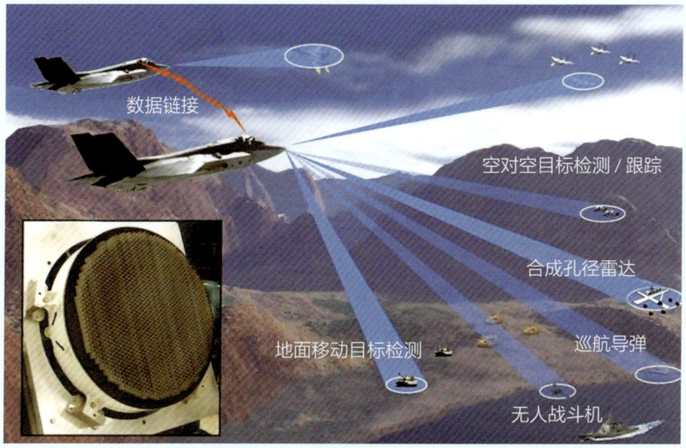

F-35 战斗机的 APG-81 有源相控阵雷达工作示意图。

F-35 战斗机 AN/AAQ-37 光电分布式孔径系统（EODAS）工作示意图。

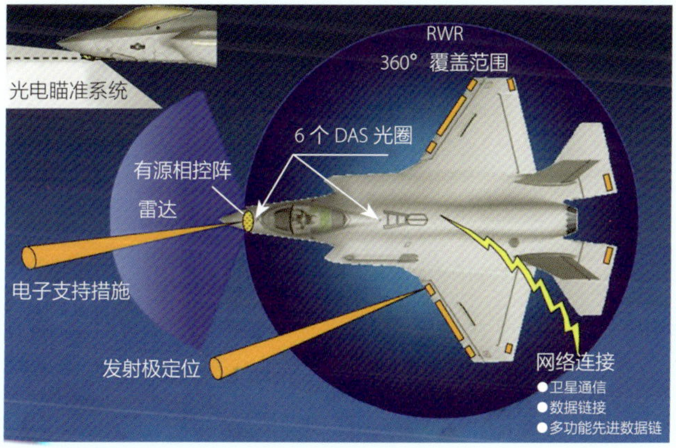

F-35 战斗机 ASQ-239 综合电子战系统工作示意图。

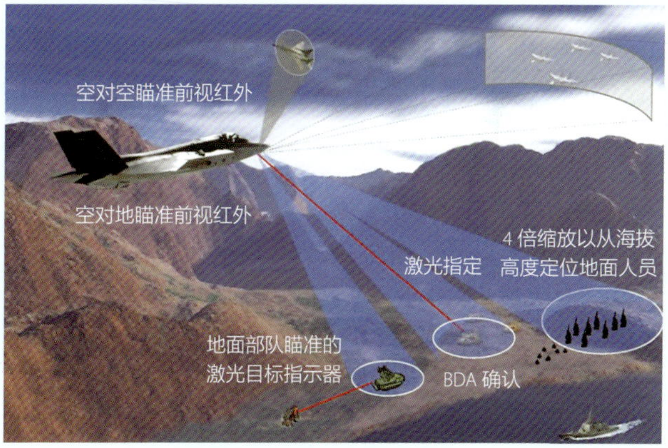

F-35 战斗机 AN/AAQ-40 光电瞄准系统（EOTS）工作示意图。

F-35 战斗机头盔显示器能够帮助飞行员“穿透”机体，看到下方的山脉。

F-35 战斗机引导反导系统拦截敌方巡航导弹示意图。

力和光电对抗能力。必要时，ASQ-239 综合电子战系统还可以配合 AN/APG-81 雷达对目标雷达进行主动压制、干扰与欺骗，甚至可以发起网络攻击。总的来看，上述各种系统的装备，使 F-35 战斗机具备了世界一流的战场态势感知能力和情报获取分析能力，为执行多样化作战任务奠定了很好的基础。

“忠诚僚机”计划中，F-35 战斗机与无人机群协同作战想象图。

综合系统性能

F-35 战斗机集世界最先进的航空信息技术于一体，综合系统的核心处理器将以往的任务计算机、火控计算机、信号处理器等功能全部覆盖，主要由通用处理模块、通用输入输出模块、信号处理模块、图像处理模块和电源模块等组成，运算速度高达 1 兆次 / 秒，相当于 F-22 战斗机核心处理器计算能力的十倍以上。其通信导航信息系统（CNI）采用软件无线电技术，可以支持 35 种不同信号波形的接收、处理、分发、信号调制和格式转换，能够提供从 VHF 到 K 波段的无线电通信信道和高速隐蔽的数据通信链路，具备超视距敌我识别能力、实时态势共享能力和双通道收发能力。AN/AAQ-37 光电分布式孔径系统能够将 360° 的红外 / 可见光 / 夜视图像实时投影在飞行员头盔显示器上，使飞行员能够“穿透”机身观察周边环境，并密切关注系统自动提示的潜在威胁方向。F-35 战斗机综合系统还提供了诸多先进的辅助驾驶功能和飞行安全功能，甚至能够“一键着舰”。在强大的航电系统支持下，F-35 战斗机可完成空基反导拦截、有人机与无人机协同作战、战场态势感知与中继传输等诸多新型作战任务，具备较好的任务拓展和模块化升级能力，系统自动化程度和智能化程度较高。

武器装备

F-35各型战斗机装备于美国海军、空军、海军陆战队以及大量盟国军队，它能够兼容各个国家不同型号的诸多武器装备，偏重对地/对海攻击能力。其可搭载的武器包括：AIM-9X近程格斗导弹、IRIS-T近程格斗导弹、AIM-132近程格斗导弹、AIM-120系列中程空空导弹、“流星”中程空空导弹、联合攻击导弹（JSM）、远程反舰导弹（LRASM）、AGM-88反辐射导弹、AGM-158B联合空地防区外导弹（JASSM）、SPEAR空地导弹、“风暴阴影”巡航导弹、SCALP-EG巡航导弹、恩斯姆巡航导弹（NSM）、AGM-154巡航导弹、JAGM联合空地导弹、B61-12战术核弹、GBU-12激光制导炸弹、GBU-39小直径炸弹等。此外，F-35A战斗机还在机身左侧装备了1门GAU-22/A型25毫米口径航炮，备弹200发；F-35B和F-35C型战斗机则可以选择机腹外挂式的航炮吊舱。

F-35A战斗机的部分武器挂载方案

型号	射程	制导方式	最大挂载量
AIM-9X	18千米	红外	4
IRIS-T	25千米	红外	4
AIM-132 ASRAAM	300米~15千米	红外	4
AIM-120	120千米	主动雷达/GPS/数据链/伙伴引导模式	12
“流星”	150千米	主动雷达	12
联合攻击导弹（JSM）	550千米	红外双波段广角	6
远程反舰导弹（LRASM）	800千米	红外成像	2
AGM-88“哈姆”	150千米	被动雷达	6
AGM-158B（JASSM）	1000千米	惯导+GPS+红外	2
SPEAR	130千米	惯导+GPS	16
“风暴阴影”	250千米	惯导+GPS	2
SCALP-EG巡航导弹	250千米	惯导+GPS	2
NSM巡航导弹	240千米	惯导+GPS+红外	4
AGM-154	560千米	惯导+GPS	2
JAGM联合空地导弹	16千米	激光/红外/毫米波	16
B61-12战术核弹	/	惯导+GPS	2
GBU-12激光制导炸弹	/	激光	6
GBU-39小直径炸弹	80千米	惯导+GPS导航	16

美国
F-35A 战斗机

尺寸	机长：	15.67 米
	翼展：	10.7 米
	机高：	4.33 米
	翼面积：	42.7 平方米
重量	空机重：	13154 千克
	最大起飞重量：	31800 千克
	内部燃油：	8390 千克
	最大载弹量：	5895 千克
发动机	发动机型号：	普 · 惠 F135-PW-100
	发动机静推力：	125 千牛
	加力推力：	187 千牛
雷达电子系统	设备：	AN/APG-81 AESA 雷达 AN/AAQ-37 光电分布式孔径系统
	通信：	Link-16 数据链

项目情况	型号：	CTOL 常规（跑道）起飞降落
	主要装备国家：	美国空军
	美国订购数量：	1763
	意大利订购：	69
	其他国家：	至少 600 架
	首飞：	2006 年 12 月 15 日
	验证机首飞：	2000 年 10 月 24 日（X-35A）
	服役时间：	大约 2013 年
性能	最大平飞速度：	约 1.5 马赫
	内部燃油航程：	约 1200 海里（1 海里 ≈ 1.85 千米）
	作战半径：	大于 1090 千米
	实用升限：	18000 米
	推重比：	0.61

F-35A 战斗机性能参数

美国
F-35B 战斗机

尺寸	机长：	15.4 米
	翼展：	10.7 米
	机高：	4.6 米
	翼面积：	42.7 平方米
重量	空机重：	12000 千克
	最大起飞重量：	27200 千克
	内部燃油：	6045 千克
	最大载弹量：	4990 千克

发动机	发动机型号：	普 · 惠 F135-PW-600
	发动机静推力：	80 千牛
	加力推力：	155 千牛
雷达电子系统	设备：	AN/APG-81 AESA 雷达 AN/AAQ-37 光电分布式孔径系统
	通信：	Link-16 数据链

F-35B 战斗机性能参数

性能		
	最大平飞速度：	约 1.5 马赫
	航程：	2000 千米（1080 海里）
	内部燃油航程：	约 900 海里
	作战半径：	大于 833 千米
	实用升限：	18000 米
	起飞距离（短距起飞）：	168 米

项目情况		
	型号：	STOVL 短距起飞 / 垂直降落
	主要装备国家：	美国海军陆战队
	美国订购数量：	348
	意大利订购：	62
	首飞：	2008 年 6 月 12 日
	验证机首飞：	2001 年 6 月 23 日（X-35B）
	服役时间：	大约 2014 年

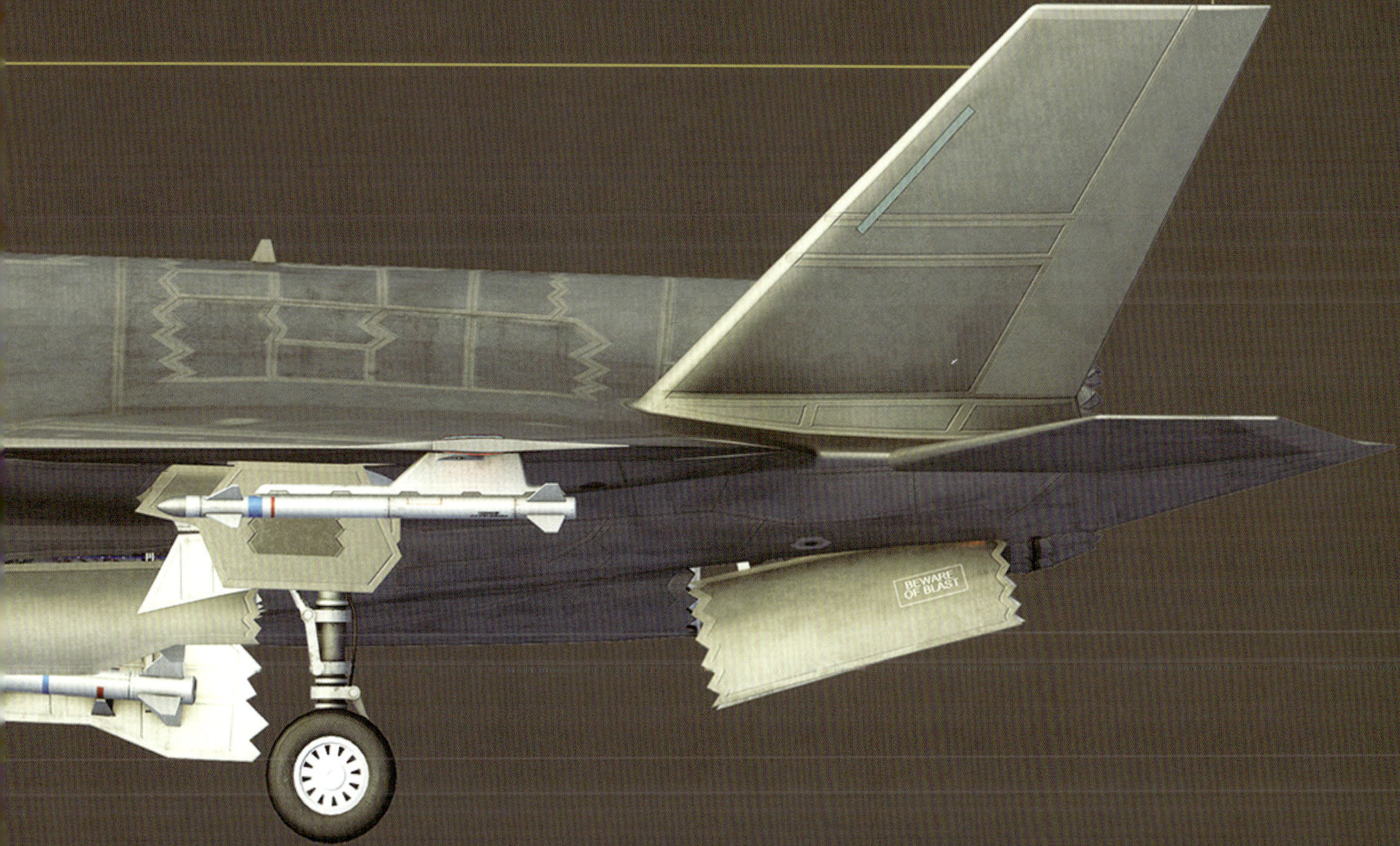

美国
F-35C 战斗机

尺寸	机长：	15.5 米
	翼展：	13.1 米 9.1 米（机翼折叠）
	机高：	4.7 米
	翼面积：	57.6 平方米
重量	空机重：	10885 千克
	最大起飞重量：	27200 千克
	内部燃油：	8900 千克
	最大载弹量：	7710 千克
发动机	发动机型号：	普·惠 F135-PW-400
	发动机静推力：	110 千牛
	加力推力：	155 千牛
雷达电子系统	设备：	AN/APG-81AESA 雷达 AN/AAQ-37 光电分布式孔径系统
	通信：	Link-16 数据链

项目情况	型号：	CV 舰载
	主要装备国家：	美国海军
	美国订购数量：	332
	英国订购数量：	138
	首飞：	2011 年 6 月 6 日
	验证机首飞：	2000 年 12 月 16 日（X-35C）
	服役时间：	待定
性能	最大平飞速度：	约 1.5 马赫
	航程：	3000 千米（1620 海里）
	内部燃油航程：	约 1400 海里
	作战半径：	大于 1111 千米
	最大升限：	18000 米

F-35C 战斗机性能参数

AL
33 FW
AF
32 0747
BEWARE
OF BLAST

F-35 战斗机具备较强的武器挂载能力。

F-35 战斗机挂载 B61-12 战术核弹与 AIM-120 中程空空导弹。

F-35B/C 战斗机机腹可外挂航炮吊舱。

F-35 战斗机发射 JSM 隐身导弹想象图。

综合评价

F-35 战斗机从立项之初就是“全能角色”的定位，具有非常全面的对空、对海、对地打击能力和执行其他多样化任务的能力。美军在空中力量建设构想中，主要将 F-35 战斗机与 F-22 战斗机按照“高低”搭配方式组成混合作战编组，先由 F-22 战斗机摧毁敌方空中和地面威胁，再由 F-35 战斗机进行对地精确打击。作为目前国际军贸市场上唯一一款四代战斗机，F-35 战斗机原本应有很好的销售业绩，但是，由于其多用途的设计需求，使得 F-35 战斗机除航电性能突出外，在空战等其他方面的性能优势并不明显，加之订单交货速度慢，这些都使得许多潜在客户最终放弃了 F-35 战斗机，转而选择性价比更高的各型三代半战斗机，目前，F-35 战斗机的单价已从最初的上亿美元持续下降至 8500 万美元。总体来看，F-35 战斗机因过分强调通用性设计导致其结构相对复杂，机身臃肿，空重较大，这些为用户广为诟病。但 F-35 战斗机在机载航电系统高新技术上的大胆尝试和广泛应用，注定会为后续战斗机型号提供大量设计与使用经验，推动未来空战模式的发展。

正在“大象漫步”的 F-35 战斗机机群。

俄罗斯苏 -57 战斗机

俄罗斯苏 -57 战斗机是苏霍伊设计局大胆放弃米格 -1.44 和苏 -47 技术验证机技术后，面向世界第四代战斗机标准创新研发的一款新型战斗机。该机主要使命任务是与敌方第四代战斗机争夺制空权，兼顾一定的对地 / 对海攻击能力。苏 -57 战斗机虽没有按照美第四代战斗机“4S”标准进行设计，但其作战能力不容小觑。该战斗机的出现，改变了北约国家单方面拥有第四代隐身战斗机的空中力量格局。

俄罗斯苏 -57 战斗机（设计代号：I-21/T-50），俄罗斯空军单座双发隐形多功能重型战斗机，是俄罗斯第四代战斗机。

机体设计

气动外形设计

为满足隐身要求，苏 -57 战斗机采用传统翼身融合式气动布局，机头和机翼为菱形设计，机身与机翼平滑融合，两个进气道为横向布置的加莱特式进气道，机翼前缘设有大面积的可动边条，双垂尾向外大角度倾斜。全机共 12 个可控翼面，包括全动式垂尾、副翼、机翼前缘襟翼、襟副翼和可动边条翼等。其中，可动边条设计是苏 -57 战斗机气动外形上的创新点。可动边条位于飞机两侧进气道上方，能向下大角度偏转，使边条具备自适应变形能力，这样既有利于提高战斗机升力系数和抬头机动性，又避免了鸭翼布局隐身效果差的缺点。此外，该设计还可以参与飞机配平，并间接改变了进气道的截面积，从而能够控制进入发动机的气流量。菱形机翼能够在隐身性、机动性、超声速巡航和大作战半径等需求之间取得较好平衡，这种

苏 -57 战斗机

苏-57 战斗机三视图

苏 -57 战斗机正面特写。

设计使该机在增加有效翼面积的同时减小了翼展，扩大了机体容积，为内置弹舱留出了足够空间。两台发动机以宽间距短舱的样式布置在机身后部两侧，使机腹产生的升力能占飞机总升力的 20% 左右。总体来看，苏 -57 战斗机气动外形延续了苏 -27 家族“大升力系数”的设计理念，是主要针对超声速作战需求进行的优化性设计。苏 -57 战斗机在满足隐身需求的基础上，具备了较高的升力系数和较低的翼载荷，再配合其众多可控翼面和大推力矢量发动机，基本能满足俄罗斯军方各项需求。

机体结构设计

苏 -57 战斗机为了达到超机动能力的要求，在机体结构设计上注重大幅降低重量和增强结构强度，率先采用了俄罗斯最先进的碳纤维聚合材料，单位重量比苏 -35 战斗机使用的钛合金还要轻 50% 左右，并且强度更好、韧性更大且雷达反射率较低。碳纤维聚合材料等复合材料总共占到了机体结构重量的 25% 以及机身蒙皮的 70%，机体寿命达到 6000 飞行小时，可以使用 30 年左右。由于苏 -57 战斗机的主要作战对象是敌方第四代战斗机，所以其外挂点数量与其他四代战斗机相当，有 4 个外挂点，用于挂载副油箱或大尺寸导弹。苏 -57 战斗机共设计有 2 个机腹弹舱和 2 个侧弹舱。该机为了降低进气道设计制造难度，直接在机翼边条下增加了 1 个小型侧弹舱。机腹弹舱可挂载中/远程空空导弹，

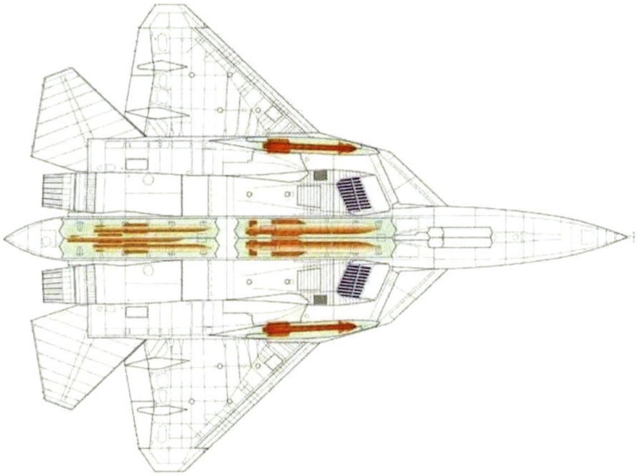

苏 -57 战斗机内置弹舱和侧弹舱示意图。

苏 -57 战斗机外挂武器状态。

苏 -57 战斗机采用了大量复合材料。

两侧的侧弹舱可以各挂载 1 枚近距空空导弹。

航电架构设计

苏 -57 战斗机的航电架构与苏 -35 战斗机为同一时期技术水平，所有航电系统数据均通过光纤进行传输，可极大增强信息传输速率，提高对自然电磁杂波和有源电子干扰的抗干扰能力。虽然核心计算机的性能由于受航电设备重量限制，在处理能力上与西方有差距，但其计算速度和稳定性较好，可有效满足现代空战的需要。苏 -57 战斗机的机载电子设备主要包括：全权限数字式控制系统和自诊断系统、N036 系列雷达系统、101KS 系列复合式光电系统、L402 电子战系统、OSNOD（联合通信、数据交换、导航和识别）系统以及其他各类先进的导航、通信和辅助设备等。其中，N036 和 101KS 是苏 -57 战斗机创新设计的结晶。

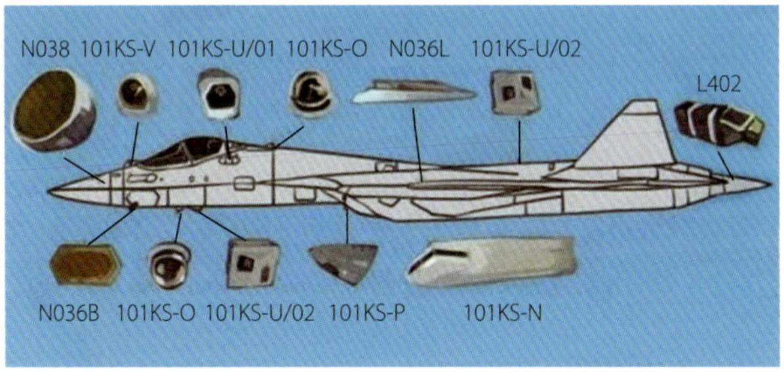

苏 -57 战斗机主要航电设备分布示意图。

机载系统设计

苏 -57 战斗机的机载系统是按照俄罗斯国家航空系统科学研究院牵头制定的 IMA 架构标准来进行设计的，通用性较强。该机所有航电、传感器设备所产生的底层数字信息或模拟数据，在经过各模块就地格式

左为苏 -35 战斗机的 Baget-53-31M 核心计算机，右为苏 -57 战斗机的新型 IMA 核心计算机。

转换后，直接通过 2 台 IMA 架构的核心计算机进行信息交互、数据处理和集中控制。核心计算机既互为备份，又可并行计算，还可动态分配计算资源，硬件重量和信息处理能力比苏 -35 战斗机更为优化。该机所有软件集成由苏霍伊公司独立完成，它的出现改变了俄罗斯以往战斗机航电系统由各家公司分层集成和分级处理的混乱局面，系统综合性能和稳定性大大提升。

驾驶座舱设计

苏 -57 战斗机采用了滑盖开启方式的舱体设计，舱盖上保留了加强框和固定风挡，舱盖玻璃镀有 4~5 层 20 纳米厚的“金 - 铟 - 锡”混合金属层。总的看，整个座舱技术水平不高，隐身处理比较粗糙。关于苏 -57 战斗机座舱内部，其早期的原型机采用了与苏 -35 战斗机类似的操控系统，包括 2 台彩色多功能液晶显示器、1 台广角平视显示器、3 台小型显示器以及各类操纵杆等部件。后期，苏霍伊公司公开了量产型苏 -57 战斗机的新型显控系统，将 2 台彩色多功能显示器和

苏 -57 战斗机驾驶座舱特写。

苏 -57 战斗机座舱采取向后滑动的开启方式。

苏 -57 原型机的驾驶舱。

量产型苏 -57 战斗机驾驶舱的显示系统。

3 台小型显示器整合成 1 台大尺寸无按键触摸屏幕，广角平视显示器更换为 1 台具有遮阳板的大屏衍射平显，由此可以看出俄罗斯航电一体化显控水平的进步。

性能特点

隐身性能

苏 -57 战斗机在隐身性能方面遵循了国际主流的雷达隐身设计理念，整体雷达散射截面积（RCS）相比苏 -35 战斗机有了很大提升，但距西方第四代战斗机的雷达和红外隐身标准仍有较大差距，不足之处主要有：一是舱门、维修盖板、蒙皮接缝、雷达罩边缘和尾喷口外缘均没有进行锯齿化处理；二是进气道与发动机采用直通式设计，发动机叶片缺乏有效遮挡；三是扁平的机身导致中央内置弹舱空间狭小，载弹量有限，对武器发射方式有限制；四是两段式座舱盖的加强框和固定风挡不利于雷达隐身；五是机体表面不平顺，机头座舱盖前侧、后侧以及机头下方安装的 1 台 101KS-V 红外搜索跟踪设备和 2 台 101KS-O 激光定向红外对抗设备没有采取半埋式设计，现有的半球形转塔设计破坏了整机隐身效果；六是尾喷口没进行任何处理或遮挡，后视方向雷达和红外特征明显。但据估算，苏 -57 战斗机的正面雷达散射截面积（RCS）为 0.1~0.5 平方米，远优于苏 -35 等三代半战斗机。

苏 -57 战斗机的尾喷管仍不具有隐身效果。

飞行性能

苏 -57 战斗机装备的“30 型”发动机由俄罗斯联合发动机公司旗下的留里卡设计局牵头设计，土星、彼尔姆、礼炮等公司参加了研制生产。这款发动机是俄罗斯真正意义上的第四代发动机，其研制过程中采用了一系列先进技术，包括采用全新结构和气动设计的高压压气机、由先进的镍基高温合金材料制成的涡轮叶片、锯齿状结构的尾喷管调节片和大量复合材料等。这些技术使“30 型”发动机的最大推力达到 107 千牛，最大加力推力则达到 177 千牛左右，具有比 117S 发动机更低的油耗和更长的工作寿命，总体性能提升了 15%~20%。苏 -57 战斗机在双发动机的矢量尾

苏 -57 战斗机的“30 型”发动机。

可动边条翼与尾喷口非对称工作的苏 -57 战斗机。

机翼前缘可动边条向下时的大迎角飞行姿态。

喷口设计上，除了采用常规的俯仰角度控制外，还增加了更大角度的左右发动机非对称偏转控制功能，具备多方向推力矢量控制的能力，这些都使苏 -57 战斗机在低速和大迎角等状态时具有远超 F-22 战斗机的精准操控能力。在大升力机体结构、“30 型”发动机和新型数字飞控系统的帮助下，苏 -57 战斗机具备更快的超声速巡航能力、更强的超机动能力、更远的作战半径和更短的起降距离。

探测性能

苏-57战斗机配备了俄罗斯提赫米诺夫仪器制造研究院全新研制的SH-121多功能集成系统，核心部分是N036系列有源相控阵雷达系统和L402电子战系统。N036开创性的设计了5个雷达天线阵列，加上L402电子战系统的1个雷达天线，创造了战斗机装备6部雷达的世界最高纪录。其中，机头雷达罩内安装的是1个N036-1-01型X波段有源相控阵雷达，其天线阵集成的T/R组件为1552个，最大探测角度为±150°，最大探测距离达350~400千米；机头驾驶舱下部两侧各安装1个N036B-1-01型X波段有源相控阵侧视雷达，天线阵集成的T/R组件为358个，能扫描机头左右侧各135°的范围；机翼处各安装1个N036L-1-01型L波段襟翼雷达，性能与苏-35战斗机的相当，具备一定的远距离反隐身能力。N036系列多角度雷达系统使苏-57战斗机对整个前半球的扫描角度达到惊人的覆盖范围。L402电子战系统由俄罗斯无线电工程研究院研制，具

俄罗斯 N036-1-01 型 X 波段有源相控阵雷达。

苏 -57 战斗机两侧的 N036B-1-01 型 X 波段侧视雷达。

苏 -57 战斗机襟翼内的 N036L-1-01 型 L 波段雷达。

有1个安装在尾椎内部的独立有源相控阵天线，主要用于后视探测和告警。整个SH-121系统使苏-57战斗机具备360° 全向探测能力，将机载雷达盲区压缩到最小水平，战场态势感知能力得到极大提升。该机还在机头安装了球形的101KS-V型红外搜索与跟踪转塔，目的是保有远程红外探测能力，以应对敌方隐身战斗机。上述各项设计均体现了俄罗斯空天军的战术思想，即依靠先进的探测能力弥补隐身性能的不足。

综合系统性能

根据现有资料，苏 -57 战斗机装有世界首创的 101KS 系列复合式光电系统，该系统主要包括 1 个 101KS-V 红外搜索跟踪设备，2 个 101KS-O 激光定向对抗设备，2 个 101KS-P 用于低空飞行和降落的红外传感器以及 4 个 101KS-U 导弹逼近告警器。其中，101KS-O 激光定向对抗设备可用激光干扰甚至直接毁坏来袭空空格斗导弹的红外导引头，从而抵消西方第四代战斗机在红外制导空空导弹上相对俄罗斯的性能优势。101KS 系统可接入 1 个外挂的 101KS-N 光电瞄准吊舱，该吊舱由俄罗斯乌拉尔光学机械厂设计生产，采用单孔多通道光学技术，集成了激光瞄准和夜视功能，用于探测识别地面目标，从而实现更精准的对地打击。苏 -57 战斗机搭载的新型 OSNOD 集成系统具有通信、导航、目标识别、加密和抗干扰等功能，除了可以进行抗干扰性强的无线加密通信、达成稳定高速的数据链连接外，还可以被动侦测敌方无线电信号，确定信

苏 -57 战斗机的 101KS-O 激光定向对抗设备。

苏 -57 战斗机的 101KS-V 红外搜索跟踪设备。

苏 -57 战斗机的 101KS-N 光电瞄准吊舱。

苏 -57 战斗机可以指挥“猎人 -B”无人机协同作战。

俄罗斯
苏 -57 战斗机

飞机几何数据	机长：	19.8 米
	机高：	4.74 米
	翼展：	13.95 米
	机翼面积（总）：	78.8 平方米
飞机重量	空机重：	18000 千克
	最大起飞重量：	35000 千克
动力装置	发动机型号：	“30 型”
	发动机数量：	2 台
	发动机类型：	加力涡轮风扇
	发动机最大推力：	2×107 千牛
	发动机加大推力：	2×177 千牛
	推重比：	0.97
	发动机重量：	1420 千克

飞机性能数据	最大平飞速度：	大于 2.0 马赫（2140~2600 千米 / 小时）
	最大续航力：	5500 千米（不空中加油情况下）
	实用升限：	20000 米
	航程：	3500~4300 千米
	转场航程：	3330 千米
	作战半径：	1200 千米
	起飞距离：	300~400 米
	爬升率：	350 米 / 秒
	机翼载荷：	470 千克 / 平方米

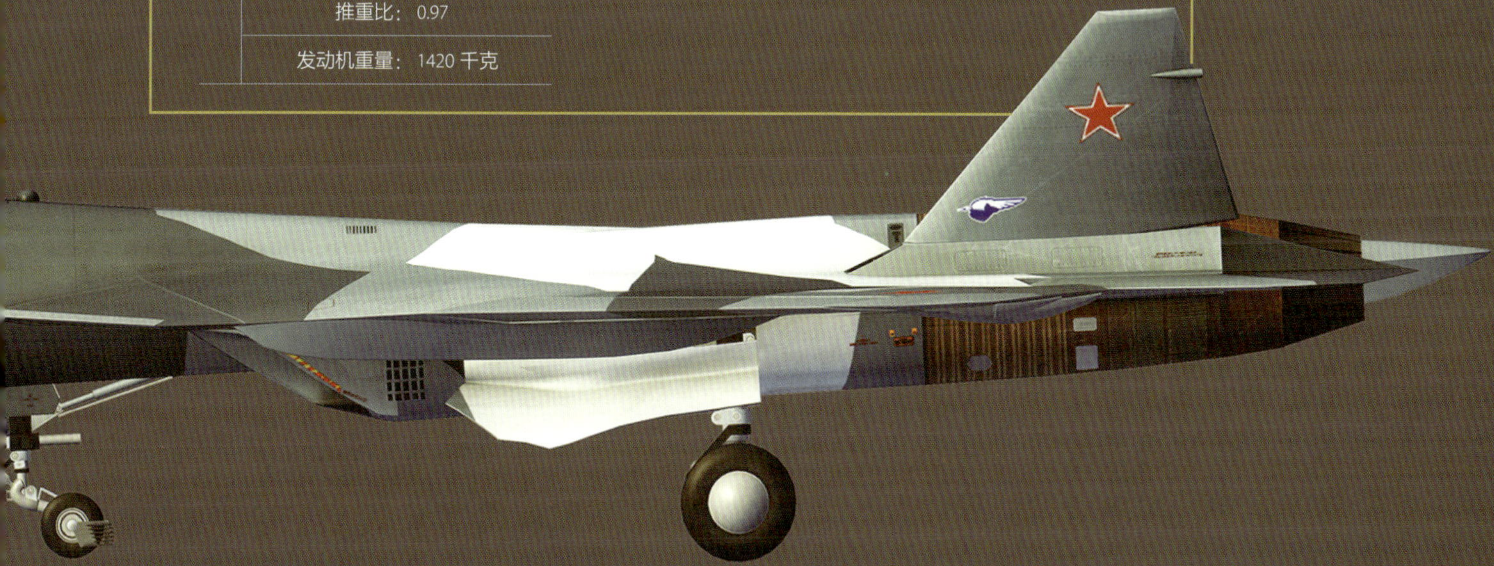

苏 -57 战斗机性能参数

号源方位。该系统能实现与俄罗斯“猎人 -B”无人机的数据链通信，使苏 -57 战斗机能够指挥“猎人 -B”无人机进行空中协同作战，这也从侧面反映了苏 -57 战斗机具有较高的信息化水平。

武器装备

苏 -57 战斗机作为一款隐身战斗机，主要执行空优作战任务，虽然可以挂载俄罗斯现役的各类对地、对海武器，但实际作战意义不大，并且由于受外挂架

苏 -57 可以挂载各类对地、对海武器。

外挂 2 枚 Kh-31 反舰导弹的苏 -57 战斗机。

苏 -57 战斗机单管机炮的特写。

数量和内置弹舱尺寸限制，一般只能外挂 2~4 枚大型导弹，无法形成饱和火力密度。苏 -57 战斗机主要搭载的各类远 / 中 / 近程空空导弹才是决定其作战价值的关键，但具体武器挂载方案目前仍没有公开数据。从现有资料看，苏 -57 战斗机可以搭载 K-30、K-74M2、K-77M、K-37M、K-172 等现役或正在研制中的先进空空导弹型号。此外，苏 -57 战斗机还在机身右侧装备了 1 门 30 毫米口径单管机炮，备弹 150 发，炮口平时可被旋转舱门覆盖，以达到隐身效果。

综合评价

俄罗斯苏 -57 战斗机的设计理念持续秉承了苏联“你打你的，我打我的”的典型设计思路，针对西方隐身战斗机的弱点，将所有砝码都压在尽可能先敌发现和实施主动防御等方面，放弃了对隐身性能的过分强化。此外，苏 -57 战斗机作为世界上第一种装备激光定向红外对抗系统的战斗机，彻底改变了战斗机对抗红外空空导弹只能采用“红外诱饵 + 大过载机动”

采取空优挂载方案的苏 -57 战斗机。

的被动防御战术，这对未来空战样式和机载定向能武器的发展将产生巨大影响。总体来看，苏 -57 战斗机具备隐身性、超机动性、全方位探测能力、远程打击能力和主动防御能力等特征，使其更像是一款专门用于攻击西方隐身战斗机的机型。该机的诞生，使俄罗斯具备了与西方隐身战斗机同场竞技、一较高下的能力，未来的“战争迷雾”将不再对北约盟军单向透明。因此，苏 -57 战斗机作为一款独具特色的第四代战斗机可谓实至名归。

法国“阵风”战斗机

法国“阵风”战斗机是地位作用非常特殊的一款多用途战斗机，与其他型号的多用途战斗机存在明显区别。该机属于世界现役双发战斗机中体型最小的一个型号，但这丝毫不影响其强大的对空、对海、对地作战能力。“阵风”战斗机凭借全面的能力和均衡的性能，既可作为空中优势战斗机，又可作为海军航母舰载机，甚至还能扮演法国空基核威慑的角色，其整体作战性能超过了第三代战斗机标准，被世人公认为是三代半战斗机中的佼佼者。

机体设计

气动外形设计

“阵风”战斗机采用复合后掠三角翼、前置鸭翼、单垂尾和翼身一体融合的气动布局。其机身采用半常规硬壳，背部整流罩从座舱一直延伸到尾喷管，机身两侧垂尾前缘设有门式减速板，双三角悬臂式机翼与机身采用铝锂合金融合方式；机翼前缘的两段式缝翼可自动联动，随时改变机翼弯度，增加升力；前置的后掠式鸭翼位于驾驶舱外部，鸭翼后缘设有一排锯齿，降落时可自动向上偏 20° 左右，以提供更多升力，当鸭翼与机翼后缘全翼展、全段式的升降副翼进行联动时，可以为飞机提供极好的控制性。“阵风”战斗机采用机身两侧“半埋式”进气口设计，这使紧凑的前半机身有足够的空间安装前起落架舱，并可以在机腹处设置较长的外挂武器空间。“半埋式”进气口还有利于减少战斗机的正面雷达散射截面积，从而提高隐身性能。“阵风”战斗机凭借独特的“近距耦合”鸭式布局设计，具有升阻比高、升力大、翼载荷小、配平阻力小、跨声速波阻低等优点。同时，这些也使“阵风”战斗机的低速和大迎角机动性明显提高，最大起飞重量和有效载荷明显增加，起飞和降落滑跑距离明显缩短，为其在航空母舰上的使用打下了坚实基础。

法国阵风战斗机：通称为达索阵风，是法国一型双发、三角翼、高机动性、多用途的第三代半战斗机。

法国达索公司生产的“阵风”战斗机。

“阵风”B型（双座）战斗机三视图

“阵风”M战斗机是世界上唯一一款“三角－鸭翼”布局的舰载战斗机。

“阵风”战斗机良好的通用性设计使其可以在美军航母上起降。

机体结构设计

“阵风”战斗机前机身主要是由常规铝合金材质构成，机翼采用钛材料，后机身大部分部件和升降副翼采用碳纤维复合材料，翼根整流罩采用聚芳酰胺纤维复合材料，部件接头采用铝锂合金材质，这些使得整机的结构坚固、重量优化。“阵风”战斗机装备了先进的 4 通道全权限数字飞行控制系统（3 个数字通道和 1 个模拟通道），除了具有优秀的操控性能外，还能够支持战斗机重心大范围移动，允许战斗机挂载重量和尺寸相差巨大的任务载荷组合，例如采用非对称的重型武器挂载方式等。“阵风”战斗机内置一门 30

“阵风”B、C、M 型战斗机对比图。

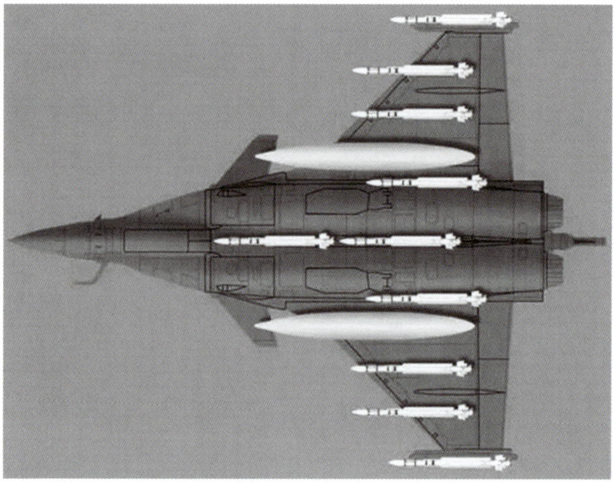
“阵风”战斗机武器挂点示意图。

海军“阵风”M 战斗机粗壮的起落架特写。

“阵风”战斗机空中加油。

毫米口径机炮，空军型（B/C 型）设有 14 个外挂点，海军型（M 型）设有 13 个外挂点，总挂载能力达到 9 吨以上。空军与海军版本的主要区别在于机体强度，海军 M 型在起落架等方面进行了加强，增加了着舰拦阻装置，使整机起飞重量增重了约 500 千克，并把空中加油设备改为可伸缩式受油管，而空军 B/C 型则为固定式受油管。

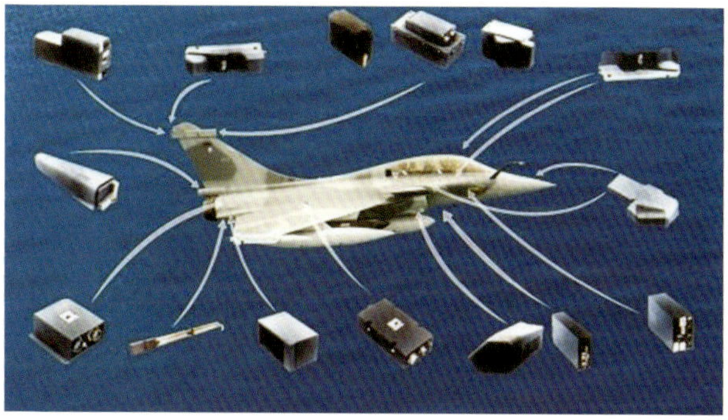

“阵风”战斗机各类传感器的分布示意图。

航电架构设计

“阵风”战斗机的所有航电设备均按照集成模块化理念进行设计，早期生产批次的雷达罩内安装 RBE-2 多功能雷达，后期生产批次则换装了 RBE-2-AA 有源相控阵雷达（又称 AESA 雷达）。在雷达后侧设有两个机载航电设备箱，用于集中部署航电的硬件处理设备，主要包括座舱显控系统、FSO 红外搜索和跟踪系统、“频谱”（SPECTRA）内置式电子自卫系统、4 通道数字飞控系统、第二代“土星”通信系统、Link-16 数据链设备、TLS-2000 导航接收机、SB25A 电子扫描式敌我识别装置和 AHV17 雷达高度计等各类先进设备。其中，“频谱”内置式电子自卫系统是“阵风”战斗机最复杂的航电系统之一，由各类探测传感器、告警设备、主动干扰天线、红外干扰弹和箔条投放器等功能模块构成，遍布机身各处，各模块通过专用的电子战数据总线与机载系统的中央处理器连接。4 通道数字飞控系统中，3 个数字通道用于保障飞机的操作性和稳定性，1 个模拟通道主要在空中加油时使用。

“阵风”战斗机的 RBE-2-AA 有源相控阵雷达。

机载系统设计

“阵风”战斗机装备的数字式综合航空电子系统以信息技术和网络技术为基础，将火力控制、电子对抗、通信导航和任务管理等子系统结合为一个有机整体，实现了资源共享、互为余度，整机具有较高的自动化水平。“阵风”战斗机机载系统有 F1、F2、F2.2、F3、F3R 等多个标准，每个标准均对应了部分航电设备的升级改进或新型机载武器的使用要求。简单来说，F1 版本仅具有基本的空对空作战能力；F2 版本是“阵风”作为多功能战斗机的起点，该版本加装了 FSO 红外搜索和跟踪系统以及 Link-16 数据链终端等设

2019 年 1 月交付法国海军的第一架“阵风”F3R 版战斗机。

备，具备了全面的对地 / 对海攻击能力，能够使用新型防区外发射的远程空地导弹、反舰导弹、精确制导炸弹和中距空空导弹等武器；F3 版本升级了新的 AESA 有源相控阵雷达、增加了“频谱”电子对抗系统、更换了中央计算机和飞机内部总线等，增加了伙伴加油吊舱，还可携带各类新型吊舱，可挂载 ASMP-A 核导弹、AM39 反舰导弹、“斯卡普 EG”远程巡航导弹和“流星”中程空空导弹等新型武器。目前，法国海军和空军的“阵风”F2 版本已经全部升级为“阵风”F3 以上版本。

驾驶座舱设计

“阵风”战斗机座舱采用单块风挡和座舱盖设计，座舱盖向右侧打开，内壁有复合涂层，拥有降低雷达波散射的效果。驾驶座舱内部按照与 F-22 战斗机相同的“手不离杆”思路进行设计，右侧为操纵杆，左侧为节流阀。座舱显示系统由 1 个广角全息式平视显示器、1 套彩色多功能显示器、2 套侧面触摸式显示器及各类航电仪表组成。其中，上方中央的广角全息式平视显示器主要显示飞行控制参数、作战任务信息和武器发射信息，下方中央的彩色多功能显示器主要显示战术情报、战场态势和传感器数据等信息，左右各 1 套侧面触摸式显示器则主要显示机载航电相关参数和任务相关数据。“阵风”战斗机为飞行员配置的头盔显示瞄准装置能够无缝连接机载系统，进行目视瞄准目标和语音输入控制等操作。“阵风”战斗机的驾驶座舱自动化程度非常高，各类围绕飞行员的设计细节也非常到位。如尽可能采取屏幕触摸操作、头盔辅助操作和语音输入操作，减少各类按钮和开关等。其广角全息式平视显示器和彩色多功能显示器的影像焦点均设置为无限远，飞行员在观看显示器和机外场景时，无须改变眼睛焦距，缩短了反应时间。

“阵风”战斗机座舱。

性能特点

隐身性能

“阵风”战斗机设计之初并未考虑隐身性能，机体气动外形方面没进行专门的雷达低可探测性设计，但在研制过程及后续生产批次中，达索公司已将许多降低雷达散射截面积（RCS）的技术融入了改进版本

鸭翼、进气口和驾驶舱是影响“阵风”战斗机正面雷达隐身性的主要部位。

的机体设计中，加之“阵风”战斗机设计紧凑、尺寸较小，相比同一代战斗机，它的雷达散射截面积相对较小。“阵风”战斗机在机体设计方面无法挖掘更多隐身潜力后，达索公司开始从技术角度进行研究探索。一方面，采取超低空突防战术实现战斗机的隐蔽性。主要是利用先进的地形扫描跟踪雷达和地形自动匹配技术，使得飞行员能够在机载系统辅助下，进行仅距地面 30 米或距海面 15 米的超低空高速飞行。另一方面，在“频谱”电子战系统上尝试研发一种针对敌方探测雷达波的主动对消技术，从而实现空中“主动”隐身。但在红外隐身方面，“阵风”战斗机采取的措施较少，红外隐身效果不够理想。

飞行性能

“阵风”F3 版本装备的最新型发动机是斯纳克玛公司的两台 M88-4E 发动机，其单台推力大于 52 千牛，加力推力大于 90 千牛，发动机推重比 9.5。该型发动机比早期的 M88-2 型拥有更优秀的可靠性，大修间隔

法国斯纳克玛公司的 M88 系列发动机。

时间由 2500 个发动机循环增加到 4000 个发动机循环。该发动机的油耗也进一步降低，大大减少了使用和维护成本。2 个独立的“半埋”式进气口之间设置有分流板，可以保证 2 台发动机工作时不会互扰。优秀的发动机使得“阵风”战斗机的中 / 高空最大飞行速度可达 2 马赫，低空与海平面最大飞行速度可达 1.2 马赫，在标准武器挂载方式下能够实现超声速巡航，在第三代战斗机中，它的机动性能非常优秀。“阵风”战斗机内油箱可载 5700 升燃油，机身中线挂架和两个内翼、两个中翼挂架都可挂载 1250 升的副油箱，最大外部载油量可达 9500 升，总载油量可达 15200 升，这些使其作战半径达到了 1800 千米。最新的海军“阵风”M 战斗机还具备“伙伴”加油功能，这使得其编队作战半径得到了进一步拓展。

探测性能

“阵风”战斗机装备的 RBE-2-AA 有源相控阵雷达具备探测截获低 RCS 目标、合成孔径雷达成像、多波束跟踪、波形捷变和地形自动跟踪等多种能力。其中，合成孔径雷达成像的图片分辨率小于 1 米，地

RBE-2-AA 有源相控阵雷达特写。

形自动跟踪能力能够帮助飞行员进行超低空飞行。另外，该雷达的抗干扰能力和维护保养能力也比之前有了较大改进。RBE-2-AA 雷达探测区域为机头轴线两侧 ±70° 的范围，对敌方第三代战斗机的探测距离约为 160~200 千米，对第四代战斗机以及来袭的中程空空导弹等低可探测空中目标的探测距离为 40~80 千米，能够同时跟踪 40 个目标，并攻击 4 个目标。该雷达由于受“阵风”战斗机紧凑机体外形的限制，雷达阵面直径较小，仅能容纳 836 个 GaAs 制 T/R 组件，这使雷达整体性能难以进一步提升，特别是在探测距离上，相比世界一流的机载有源相控阵雷达还是存在较大差距。该机的“频谱”内置式电子战自卫系统能够为战斗机提供 360° 保护，该系统集成了 3 个雷达告警接收机、3 个激光告警接收机、2 个导弹逼近告警器和 3 个有源干扰机等各种传感设备，可有效识别 150 千米

“频谱”电子战自卫系统各类型传感器分布示意图。

“阵风”战斗机的 FSO 红外搜索和跟踪系统。

外的空中目标，这使“阵风”战斗机在机载雷达不开机情况下就能进行反辐射导弹攻击。该系统能同时干扰 8 个雷达信号，具备对雷达波进行主动对消的隐身工作模式。FSO 红外搜索和跟踪系统主要用于对空、对地和对海目标的光电搜索、识别和跟踪，对空有效探测距离为 110~130 千米，电视影像识别距离约为 50 千米，激光测距仪有效距离约为 25 千米。

综合系统性能

“阵风”战斗机综合系统的集成度、自动化、智

能化程度高，融合了大量法国独立研发的先进航电设备，能够使飞行员专注于作战行动。其中，数字飞控系统能够实现辅助飞行操纵以避免出现过载，在低速或接近地面时会提供音视频同步告警，在飞行员遭遇空间定向障碍时会从极限爬升或垂直俯冲状态中自动恢复，还能在飞行员因大过载等原因失去意识时自动调整飞行姿态等。第二代“土星”通信系统能够提供抗干扰能力较强的战术无线电通信保障，通过 Link-16 数据链可以实现与北约成员国战机的战场态势共享、目标信息分发和战术数据交换。“阵风”战斗机的综合系统不仅支持挂载各种先进武器，还可以挂载多种先进吊舱，包括“塔利奥斯”瞄准激光指示吊舱、“达摩克利斯”多功能瞄准吊舱和 NG/Areos 侦察吊舱等，进一步提升了侦察能力和打击精度。“阵风”战斗机还可以实现与“神经元”无人机的协同作战。

“阵风”战斗机能够指挥“神经元”无人机协同作战。

“塔利奥斯”瞄准激光指示吊舱。

“达摩克利斯”多功能瞄准吊舱。

武器装备

“阵风”多用途战斗机具备强大的武器挂载能力，可根据任务需要使用北约制式的各种机载武器，包括

三个副油箱是“阵风”战斗机执行空优任务的典型挂载方式之一。

法国

“阵风”战斗机

飞机几何数据	机长：	15.27 米
	机高：	5.34 米
	翼展：	10.8 米
	机翼面积（总）：	45.7 平方米
动力装置	发动机型号：	M88
	发动机数量：	2 台
	发动机推力（单台）：	52 千牛
	发动机加力推力（单台）：	90 千牛
	发动机生产公司：	斯纳克玛
飞机重量	空机重：	9770 千克（B 型） 9500 千克（C 型） 10196 千克（M 型）
	正常起飞重量：	14016 千克
	最大起飞重量：	24500 千克（C/D）
燃油及载荷	机内燃油：	5700 升
	外部副油箱：	9500 升
	正常载弹量：	5994 千克
	最大载弹量：	9500 千克

飞机性能数据	最大平飞速度：	1.8 马赫（正常飞行控制系统设定上限）
	最大平飞速度：	1390 千米 / 小时（低空）
	最小平飞速度：	213 千米 / 小时
	最大升限：	18290 米
	起飞滑跑距离：	396.24 米（对空作战），600 米（对地作战）
	着陆滑跑距离：	450 米
	转场航程：	5593 千米（外挂副油箱），大于 2100 千米（机内燃油）
	作战半径：	1852 千米（远程空战任务）（副油箱 4 个，6600 升燃油）
	海平面爬升率：	305 米 / 秒
	瞬时转弯率：	30° / 秒
	滚转角速率：	270° / 秒
	机翼载荷：	306 千克 / 平方米
	外挂点：	空军型 14 个，海军型 13 个， 其中 5 个具有燃油管线
	推重比：	0.76

“阵风”战斗机性能参数

其他	首飞时间：	1986 年 7 月 4 日
	服役时间：	2000 年 12 月 4 日
	主要使用国：	法国
	主要制造商：	法国达索公司
	状态：	服役中
	单价：	6210 万美元（Rafale C）2007 年 6750 万美元（Rafale M）2007 年

“响尾蛇”和“魔术”近距空空导弹，“米卡”中距空空导弹，“流星”远程空空导弹，“鱼叉”反舰导弹，SCALP-EG 远程巡航导弹，“飞鱼”空对地导弹，ASMP-A 空射核导弹和 AASM 模块化精确制导炸弹等。“阵风”战斗机还装备有 1 门 30 毫米口径 DEFA-791 机炮，备弹 125 发。该机凭借优秀的机体强度和气动外形设计，以远小于重型战斗机的紧凑机体，实现了与重型战斗机相当的强大挂载能力，充分体现了法国航空制造业的先进水平。

“阵风”战斗机的部分武器挂载方案

型　号	射　程	制导方式	最大挂载量
R550“魔术”-2	8~20 千米	主动雷达 / 红外	8
AIM-9“响尾蛇”	18 千米	红外	8
AIM-132 ASRAAM	300 米 ~15 千米	红外	8
“米卡”	50 千米	主动雷达 / 红外	12
“流星”	150 千米	主动雷达	4
AM 39“飞鱼”	70 千米	惯导 + 主动雷达	2
AGM-84“鱼叉”	300 千米	主动雷达	2
SCALP-EG 巡航导弹	250 千米	惯导 + GPS 导航	2
“阿拉姆”	20 千米	惯导 + 被动雷达	5
“哈姆”	150 千米	被动雷达	5
ASMP-A 空射核导弹	500 千米	惯导 + GPS 导航	1
AASM-1000 千克炸弹	/	/	5
AASM-400 千克炸弹	/	/	10
AASM-250 千克炸弹	/	/	22
“迪朗达尔”反跑道炸弹	/	/	16
火箭吊舱	/	/	4

“阵风”战斗机可挂载武器装备集中展示

综合评价

法国在国防军工领域一直保持着独立自主的研发风格，所生产的武器装备性能往往能够达到世界一流水平。“阵风”战斗机作为一款针对法国需求量身定制的多用途战斗机，能够被空军和海军同时认可实属不易，它具有功能全面、性能均衡、效费比高的特点。总体来看，“阵风”战斗机主要具备三个优势：一是机动性强，低空飞行性能优秀，在轻量外挂方案下可以实现超声速巡航；二是多用途能力优秀，挂载力惊人，海空兼容性好，符合部分装备中小型航母国家的需求；三是机载综合系统性能领先，法国强大的微电子技术和网络技术使其在空战中极具竞争力，历次与盟国空军的对抗演习成绩也证明了这一点。

“阵风”战斗机发射空空导弹。

欧洲“台风”战斗机

欧洲“台风”战斗机是由欧洲四国英国、德国、意大利和西班牙共同设计研发的一款全天候双发多用途战斗机，分单座和双座两种型号，主要用于执行国

欧洲“台风”战斗机：通称欧洲台风，其他名：EF-2000，是一型由欧洲战斗机公司设计的双发、三角翼、鸭式布局、高机动性的多用途第三代半战斗机。

欧洲联合研制生产的“台风”战斗机（EF-2000）

土防空和空中优势作战任务，兼具对地和对海攻击能力，是一款典型的具有超声速巡航、短距起降、超视距攻击和良好低空机动性能的三代半战斗机。目前，除了参与研发的欧洲四国外，沙特、阿曼、科威特、奥地利等国也相继装备了这款战斗机。

机体设计

气动外形设计

“台风”战斗机采用了当时欧洲流行的前置鸭翼、三角翼、单垂尾气动布局，与并称“欧洲三雄”的法国“阵风”战斗机和瑞典“鹰狮”战斗机具有基本类似的气动设计理念，它与上述两款战机最显著区别：一是前置鸭翼的位置更加靠近机头方向，位于驾驶座舱前侧，属于“远距耦合”设计。二是该机进气口位于机身正下方，为两个并列的矩形。“阵风”和“鹰狮”战斗机“近距耦合”的设计方式主要优点是利用鸭翼和三角翼产生的涡流干扰以获得大迎角升力，增强过失速

“台风”原型机。

“台风”战斗机三视图

状态下的飞行稳定性；缺点是超声速飞行时阻力较大，横向操控性能不稳定。“台风”战斗机“远距耦合”的设计主要优点是有利于控制机身配平，提高机动性和敏捷性，增强超声速飞行时的盘旋能力；缺点是增加了机身长度和尺寸，对飞控系统要求较高。为克服“远距耦合”的不利因素，该机在两侧鸭翼和机翼之间的座舱正下方，设有一块凸起的涡流发生器。“台风”战斗机的气动外形配合大推力发动机和先进的全权限四余度数字飞控系统，使其具备优秀的低空高速机动能力和大过载机动能力，能在空中格斗中快速改变机头指向以获取优势，且具备短距起降能力。

“台风”战斗机拥有 13 个外挂架。

机体结构设计

“台风”战斗机机身、机翼、垂尾、座舱和蒙皮等部位大量采用了碳纤维、玻璃纤维、铝锂合金、钛

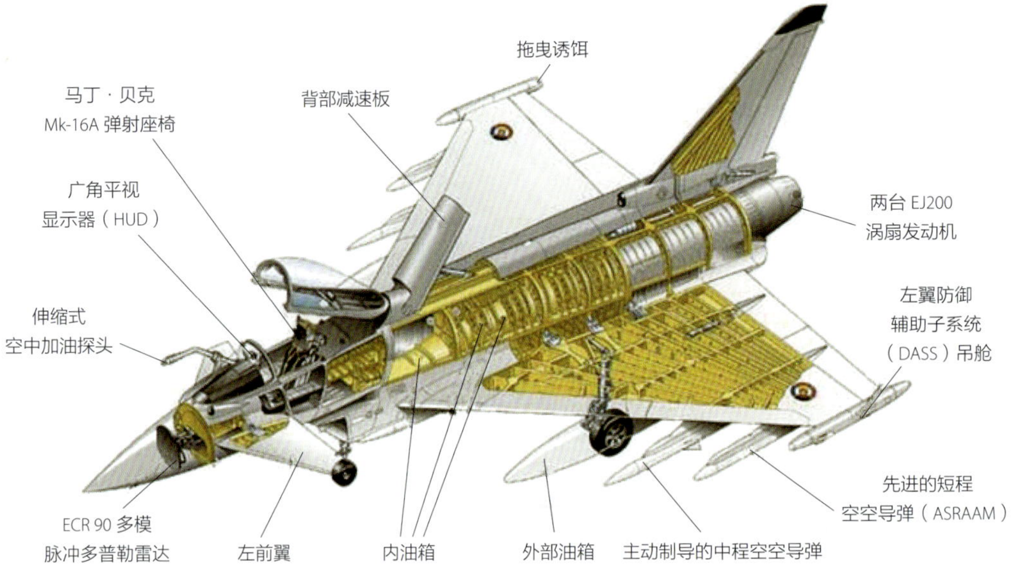

“台风”战斗机结构示意图。

“台风”战斗机起落架特写。

“台风”战斗机航电架构示意图。

“台风”战斗机各类传感器的分布示意图。

合金等材料，在降低机身重量的同时，尽可能提升了机身强度，使机体寿命达到 6000 小时。全机复合材料重量占比约为 40% 左右，其中碳纤维复合材料占 70% 左右，玻璃纤维复合材料占 12% 左右。“台风”战斗机采用机腹进气方式，在进气道侧面设有高温出气口，在机翼前端翼身融合处设有用于冷却机内航电设备的辅助进气道。该机总共有 13 个外挂架，具备空中加油能力。

航电架构设计

“台风”战斗机拥有先进的航电设备，各类航电系统均基于北约组织标准数据链，采用模块化设计思路进行安装和部署，整个机载系统采用 STANG3838 北约标准数据总线，由光纤保障各电子系统间主干信道的连接。后期的“台风”战斗机装备了 CAESAR 有源相控阵雷达系统，使整机对隐身飞机的探测能力和对地攻击能力得到明显提升。机内航电系统主要包括自动化座舱显示系统、4 余度全权限飞控系统、无源红外搜索跟踪系统（PIRATE）、武器控制系统（ACS）、多功能信息分发系统（MIDS）、防御辅助子系统（DASS）、自检测系统（HUMS）、自动着陆系统（ILS）、地形跟踪告警系统、导航系统以及各类辅助系统等。其中，DASS 拥有自动监测各种空中和地面威胁的能力，整个系统由来袭导弹告警器、雷达告警器、激光告警器、红外干扰弹、箔条弹、拖曳诱饵弹、DASS 计算机以及遍布机身的 13 处传感器和电子战吊舱等部件组成。

机载系统设计

“台风”战斗机机载系统以雷达火控系统和高度集成化的电子战辅助系统为核心，采取“资源整合、融合处理、互为备份”的设计风格，在不断进步的信息技术支持下，逐步改进升级。目前，“台风”战斗机包括了 Block2、Block2B、Block5、Block5A 等多个版本，主要区别在于替换了更先进的模块化航电设备、更新了航电系统各软件版本、提升了对地 / 对海目标探测能力和多样化武器挂载能力等。另外，由于各国机载武器装备和使用侧重点的不同，“台风”战斗机的机载武器系统、语音识别系统、座舱显示系统等软件版本和功能也存在一定差异。

不同涂装的各国空军“台风”战斗机。

驾驶座舱设计

“台风”战斗机采用了镀膜处理的传统气泡式座舱盖，使飞行员具有良好的操控视野，并有利于降低座舱的雷达散射截面积。在驾驶座舱内部，由 3 个彩色多功能显示器和 1 个平视显示器组成了座舱显示系统，各多功能显示器可以随意切换显示飞行参数、作战任务、战场态势、目标情报、地形数据、武器状态等信息，平视显示器则主要显示飞行控制参数、作战任务信息和武器瞄准信息。“台风”战斗机为驾驶员配备了先进的“打击者 Ⅱ ”头盔显示器和瞄准系统，能够显示参考字幕、动态图像和夜视图像等内容，实现了“看见即锁定”功能，能够帮助飞行员快速指向打击目标，并支持大离轴角的导弹攻击行动。“台风”战斗机是世界上第一款应用机载语音输入系统的战斗机，该系统可以帮助飞行员通过语音实现 24 类原本需要用手操控的飞行指令。另外，该机还采用了世界著名的 MK-16A 弹射座椅。

“台风”战斗机座舱盖特写。

“台风”战斗机驾驶座舱。

“台风”战斗机飞行模拟器。

“台风”战斗机的飞行员头盔。

性能特点

隐身性能

“台风”战斗机在设计时并未注重隐身性能，前置鸭翼、发动机进气口和驾驶座舱等部位均是较大的雷达散射源，其主要的隐身措施是采用了无源传感设备，以最大限度减少电磁辐射。“台风”战斗机在作战行动中，注重超低空突防战术，在先进的机载雷达和地形匹配系统的帮助下，能够保证它的超低空高速飞行能力，降低被发现概率。在机体设计上，该机机腹设有半埋式武器挂架，相对于直接外挂在机翼下的武器装备有较好的隐身效果。“台风”战斗机的进气道为 S 型设计，向上并略向外偏转，使得发动机叶片不会暴露在外，避免了雷达波直接照射。另外，该机在机体复合材料和涂料方面，选用了具备一定雷达吸收能力的材料，覆盖机翼前沿、进气道、方向舵外缘及其他重点反射部位。总的看，“台风”战斗机凭借较小的机身优势和部分雷达隐身措施，正面雷达散射截面积（RCS）约为 2 平方米，红外隐身方面略优于法国“阵风”战斗机。

“台风”战斗机的 S 型进气道特写。

发动机喷管外围的金属隔层用于提升红外隐身能力。

飞行性能

“台风”战斗机装备了 2 台欧洲发动机公司生产的 EJ200 涡扇发动机，单台最大推力为 60 千牛，加力推力可达 90 千牛。该型发动机是一款双轴再加热涡轮风扇发动机，采用了 3 级轴流式风扇压缩机和 5 级轴流式高压压缩机，具有结构简单、油耗低、推重比高等优点。“台风”战斗机虽然没有采用推力矢量技术，但它的鸭翼气动布局和数字飞控系统赋予了其优秀的机动能力，具备超声速巡航、高空小半径盘旋、瞬时大过载转向等优点，垂直机动性能和近距缠斗能力更是出类拔萃。全权限数字飞控系统还为飞行员提供了“无忧操作”辅助，避免了高速飞行下可能出现的误操作。“台风”战斗机作为一款突出空优任务的战斗机，在不进行空中加油的情况下，根据携带武器载荷方案的不同，作战半径可达 600~1400 千米，足以满足欧洲各国国土防空任务需要，在进行空中加油情况下，

鸭翼、进气道、驾驶座舱等均是较大的雷达反射部位。

“台风”战斗机的 EJ200 发动机。

跨大洋飞行也没有丝毫压力，该机曾多次参加美国“红旗军演”就是最好的例证。

探测性能

“台风”战斗机早期型号装备的是 Captor-M 机械扫描雷达，后期开始逐步换装 Captor-E 有源相控阵雷达，并在国际军火市场上参与三代半战斗机的销售竞争。Captor-E 有源相控阵雷达拥有约 1500 个 T/R 模块和超过 30 种工作频率的电子波束，具有对空 / 对地 / 对海探测、新型导弹制导和敌我模式识别等功能，能够快速准确搜索和跟踪多个目标，并增强了对空中低可探测性目标的探测能力和全寿命周期管理能力，可在 50 千米外发现 F-35 战斗机。该雷达前半球探测范围为 ±100°，比原有雷达的探测扇面提升了约 40%。该雷达采用了主动电子干扰工作模式，具备高分辨率合成孔径雷达成像能力、地形测绘能力和地面目标跟踪能力，具有超低空突防和对地机动目标实施精确打击的优异性能。

“台风”战斗机最新换装的 Captor-E 雷达。

“台风”战斗机座舱左前方的 PIRATE 系统红外传感器。

“台风”战斗机的无源红外搜索跟踪系统(PIRATE)安装在座舱左前方，有 3~5 微米和 8~12 微米的双频段工作模式，能够同时对 200 个空中、地面和海上目标，进行自动识别、持续跟踪和作战优先级判断。在一定条件下，该系统可探测到 90~130 千米外的第四代战斗机红外特征。在美国“红旗军演”中，“台风”战斗机曾多次凭借该系统发现 F-22 战斗机并取得了模拟空战的胜利。此外，“台风”战斗机的防御辅助子系统（DASS）在不需要外挂电子战吊舱的情况下，装备有来袭导弹告警器、雷达告警器、激光告警器等传感器设备，这使“台风”战斗机具有 360° 的防御性探测能力和威胁识别能力。

欧洲
“台风”战斗机

飞机几何数据	机长：	15.96 米
	机高：	5.28 米
	翼展：	10.95 米
	机翼面积（总）：	51.2 平方米
飞机重量	空机重：	11000 千克
	正常起飞重量：	16000 千克
	最大起飞重量：	23500 千克
燃油及载荷	机内燃油：	4500 千克
动力装置	发动机型号：	EJ200
	发动机数量：	2 台
	发动机推力（单台）：	60 千牛
	发动机最大推力（单台）：	90 千牛

飞机性能数据	最大平飞速度：	2124 千米 / 小时
	最大平飞速度：	1470 千米 / 小时（海平面）
	最大升限：	19812 米
	实用升限：	16765 米
	起飞滑跑距离：	小于 700 米
	航程：	2900 千米
	转场航程：	3790 千米（3 个副油箱）
	作战半径：	601 千米（对地攻击，低－低－低剖面）
	作战半径：	1389 千米（对地攻击，高－低－高剖面）
	作战半径：	185 千米（空战含 3 小时战斗巡逻）
	作战半径：	1389 千米（空战含 10 分钟战斗巡逻）
	机翼载荷：	312 千克 / 平方米
	爬升率：	大于 315 米 / 秒
	推重比：	0.87

“台风”战斗机性能参数

AX

综合系统性能

“台风”战斗机以雷达和电子战系统为核心的综合系统具有较好的信息共享能力，核心计算机能够处理大批海陆空目标信息，并逐一与机载数据库内容进行比对识别。多功能信息分发系统（MIDS）拥有多模式通信与加密能力、Link-16 通用数据链互联能力、无线电静默和辐射控制能力等，能为飞行员提供综合战场态势和敌我识别能力。导航系统具有极高的 GPS 定位精度和惯导精度，能够支持地形自动匹配的超低空飞行需求，还具备防撞告警、低速低攻角自动恢复、自动改为水平飞行等能力。自动着陆系统（ILS）可利用微波实现全天候昼夜着陆。防御辅助子系统（DASS）发现威胁后，可进行有源电子对抗，并利用一次性拖曳雷达诱饵或红外 / 箔条干扰弹进行被动防御，有源电子对抗设备还可以通过照射本机发射的箔条，来进一步增强雷达反射效果。“台风”战斗机可以挂载最先进的“狙击手”光电瞄准吊舱（ATP），即美国 AN/AAQ-28 吊舱的欧洲改进版本，从而获得更强大的对地红外 / 夜视 / 可见光侦察能力、高清图像处理能力和激光稳定跟踪能力，这使“台风”战斗机能够隐蔽对远距离目标进行识别和打击。

“台风”战斗机左右翼尖分别安装了不同的电子战短舱。

“台风”战斗机可以外挂“狙击手”光电瞄准吊舱。

武器装备

“台风”战斗机拥有优秀的武器挂载能力，在以对空作战任务为主的基础上，具备较好的对地、对海攻击效能，可根据任务使用北约制式的各种机载武器，包括 AIM-120 系列中程空空导弹、“流星”中程空空导弹、AIM-9 系列近程格斗导弹、ALARM 反辐射导弹、AGM-84“鱼叉”反舰导弹、Penguin AGM-119“企鹅”反舰导弹、Brimstone“硫黄石”反坦克导弹、“风暴阴影”巡航导弹、“金牛座”巡航导弹、GBU-10/16 激光制导炸弹、“宝石路”（Paveway）激光制导炸弹、BL-755 集束炸弹和 CRV-7 火箭吊舱等。另外，除英国版“台风”战斗机外，其余版本均装备了 1 门 27 毫米口径机炮，备弹 150 发。

“台风”战斗机的部分武器挂载方案

型　号	射　程	制导方式	最大挂载量
AIM-9X	18 千米	红外	6
IRIS-T	25 千米	红外	6

（续）

型　号	射　程	制导方式	最大挂载量
AIM-120	120 千米	主动雷达 /GPS/ 数据链 / 伙伴引导模式	6
“流星”	150 千米	主动雷达	6
ALARM 反辐射导弹	20 千米	惯导 + 被动雷达	4
AGM-84 “鱼叉”	300 千米	主动雷达	4
Penguin AGM-119	55 千米	被动红外	4
“硫黄石”反坦克导弹	60 千米	激光 + 毫米波雷达	18
“风暴阴影”	250 千米	惯导 + GPS	2
“金牛座”巡航导弹	350 千米	惯导 + GPS	2
GBU-10/16 激光制导炸弹	/	激光	4
“宝石路”激光制导炸弹	/	激光	4
BL-755 集束炸弹	/	/	6
CRV-7 火箭吊舱	/	/	4

“台风”战斗机可挂载武器示意图。

“台风”战斗机执行空优任务的典型挂载方式。

综合评价

“台风”战斗机作为世界上第一款由多国共同研制的三代半战斗机，虽然集欧洲四国先进技术成果于一体且大幅节约了研发经费，但因各国作战需求的差异，在指标性能上的分歧和妥协使得该机过于追求平

“台风”战斗机双机编队。

衡，综合性能并不十分出众，且造价昂贵，性价比不高，与法国的“阵风”战斗机相比没有明显优势，与美俄等国的第四代战斗机相比更是有一定差距。从综合性能上看，“台风”战斗机是一款具有模块化、智能化、高效能的多用途战斗机，具备优秀的可靠性、可维护性和耐用性，属于第三代半战斗机中的佼佼者。

俄罗斯苏 -35 战斗机

俄罗斯苏 -35 战斗机：是俄罗斯苏霍伊设计局在苏 -27 战斗机的基础上研制的深度改进型单座双发、超机动性多用途战斗机，在世界上属于第三代战斗机改进型号，即第三代半战斗机。

俄罗斯苏 -35 战斗机是苏霍伊设计局在苏 -27 战斗机的基础上改进研发的最后一个型号，属于第三代战斗机向第四代战斗机过渡的一款机型，号称“终极版苏 -27”，北约代号“侧卫 -E”。该机在经过各种现代化技术加持后，成了一款具备超机动能力的多用途战斗机，部分性能指标已经达到第四代战斗机标准。苏 -35 战斗机除满足俄罗斯军队少量装备需求外，主要用于对外出口。

机体设计

气动外形设计

苏 -35 多用途战斗机为了追求更好的隐身效果和更小的正面雷达散射截面积，放弃了机动性强的三翼面布局，压低机头至座舱段的高度，机翼前沿延伸融入机身形成三角形，翼尖裁剪以便挂载武器或电子设备，机翼后缘改为全翼展式襟副翼。由于搭载的发动机推力增大，苏 -35 战斗机加大了进气口尺寸，同时，还在进气道和压气机叶片上增加了一层铁磁吸波涂料，

终极版的“侧卫”——苏-35战斗机

苏 -35 战斗机雷达罩防雷条的特写。

苏 -35 战斗机发动机尾喷口和尾锥特写。

以降低进气口对雷达波的反射强度。这层涂料在不影响进气效率和防冻系统工作情况下，即使在 200℃高温和高速气流的持续冲击下也不会脱落。从外观上看，苏 -35 战斗机的垂尾改回了苏 -27 家族标准的切角形状，两台发动机之间的尾锥体积明显缩小，机头雷达罩上首次增加了 10 根防雷条，其余部位的气动结构则与苏 -27 系列基本一致。

苏-35 战斗机三视图

机体结构设计

苏 -35 战斗机采用了大量钛合金和复合材料，在减轻机身重量的同时，提高了机身强度，这使苏 -35 战斗机的机体能够保持更长时间的极限飞行状态，拥有近 6000 小时的飞行寿命，可以使用 30 年左右。由于装备了全新的数字飞控系统 KSU-35，苏 -35 战斗机取消了巨大的机背减速板，在降落时改为依靠数字飞控系统统一控制水平尾翼、垂直尾翼、襟副翼等同时偏转，从而增大阻力，实现减速。苏 -35 战斗机为了增强挂载能力和作战半径，将翼展增大 0.6 米，达到了 15.3 米，武器外挂点增加到 12 个，并在垂尾内设置了油箱，使机体内部载油量增加了 20%。苏 -35 战斗机还新增了空中加油系统和两个副油箱挂点，可挂载 2 个 1800 升的副油箱。得益于上述措施，该机的作战半径和载弹能力得到了极大增强。苏 -35 战斗机的 3 点式起落架也进行了强化，增加了满油和满弹挂载条件下的起降可靠性。

苏 -35 战斗机后起落架特写。

苏 -35 战斗机采用的 KSU-35 飞控系统。

控制各翼面同步偏转实现降落减速的苏 -35 战斗机。

航电架构设计

苏 -35 战斗机继承了苏 -27 系列的总体设计风格，将机载雷达、操控系统和主要机载电子设备集中部署在机身前部，既可缩短线缆布设长度，实现机体减重，又可集中解决各类机载电子设备的工作散热问题。其机载电子设备主要包括：SIVSP-35 大气数据系统、BINS-SP-2 惯性导航系统、卫星导航系统、飞行姿态感应器、无线电导航系统、多普勒测速仪、无线电测高仪、SUO-35P 武器控制系统、OLS-35 光电探测系统、Irbis-E 无源相控阵雷达、S-108 通信系统、座舱数字显示系统、L150-35 雷达告警系统、Khibiny-M 电子对抗

苏 -35 战斗机航电架构设计示意图。

苏 -35 战斗机的 BINS-SP-2 惯性导航系统。

俄罗斯 OLS 系列光电探测系统。

苏 -35 战斗机的 Irbis-E 无源相控阵雷达。

系统、KSU-35 数字飞控系统、BGS-3M 图形处理系统和 2 台 Baget-53-31M 计算机（双机备份）。苏 -35 战斗机遍布机身各处的各类设备、传感器，均由基于 IEEE 1553B 体系标准的总线进行互联互通。虽然苏 -35 战斗机使用了光纤进行数据传输，极大提升了数据传输速度，但各机载分系统之间的数据交换速度和综合处理效率依旧属于第三代水平。

机载系统设计

苏 -35 战斗机采用了“航电一体化”的系统集成设计思路，以火控系统和导航系统作为整个机载系统的核心，研发出一套 KPrNO-35 综合机载系统。该系统将所有机载硬件电子设备划分为导航分系统、瞄准分系统、控制分系统和核心计算机四个部分，采取各分系统负责初始数据处理，核心计算机负责战术数据和融合数据处理的“分级处理”模式。这种以降低系统

正在实验室测试的核心计算机系统。

处理效率来换取系统稳定性的设计思路，有效降低了各分系统在整合时可能存在的技术风险和战斗机在作战时可能出现的故障风险。

驾驶座舱设计

苏 -35 战斗机采用全新设计的数字化玻璃座舱，可将电磁波屏蔽在座舱外部，同时能够保证太阳光的透入性。座舱内部，飞行员操控系统主要由 2 台 MFI-35 彩色多功能液晶显示器、1 台 IKSh-1M 广角平视显

苏 -35 战斗机的玻璃座舱。

示器、3 台小型显示器及各类操纵杆组成。其中，12 英寸的 MFI-35 显示器分辨率为 1400×1080，主要用来显示战场态势、目标影像、武器选择、飞行状态、机体状态等各类信息；IKSh-1M 平视显示器具有 30° 视角，性能与第四代战机的衍射抬头显示器还有差距；1 台小型显示器部署在飞行员左膝位置，用于管理武器系统、通信系统、告警系统等机载系统；1 台小型显示器部署在平视显示器下方，主要显示目标指示、目标跟踪及航路规划等各类信息；1 台小型显示器部署在右侧多功能显示器上方，用于飞行参数的显示与管理。

性能特点

隐身性能

苏 -35 战斗机仍然沿用苏 -27 家族的传统布局，隐身能力先天不足，该机正面雷达散射截面积相较于苏 -27 系列下降了一个数量级，但也在 2 平方米左右。这意味着苏 -35 战斗机在正面突防时，被敌方雷达探测发现的距离缩短了近一半。苏 -35 战斗机的隐身能力处于第三代机（RCS 均值 3~4 平方米）的领先位置，但与四代机相比，差距仍非常明显。

只强调正面雷达隐身能力的苏 -35 战斗机。

飞行性能

苏-35战斗机采用俄罗斯“土星”科学生产联合体研制的117S推力矢量发动机，发动机最大加力推力达到142千牛，不加力状态下推力达到86.3千牛，发动机推重比大于10，这使苏-35战斗机在体型和起飞重量变大的情况下，仍具备强大的超声速巡航能力。117S发动机除了性能出众之外，使用寿命能够达到4000小时，两次大修间隔时间达1000小时。苏-35战斗机凭借117S发动机推力矢量控制系统与KSU-35数字飞控系统的无缝对接，能够轻而易举完成各种惊人的超机动战术动作。总体来看，苏-35战斗机的整体飞行性能完全达到甚至接近了第四代战斗机的标准。

苏-35战斗机搭载的117S发动机。

探测性能

苏-35战斗机采用了Irbis-E型无源相控阵雷达。当雷达散射截面积为3平方米（第三代战斗机的RCS均值）的目标在1万米以上飞行时，Irbis-E雷达的迎头截获距离可达350千米以上，尾追截获距离可达150千米以上，还可在90千米外发现雷达散射截面积仅有0.01平方米的“超低可观测性”目标（第四代战斗机的RCS值）。在对空工作模式下，能够同时截获和跟踪30个空中目标；使用半主动雷达制导导弹可同时引导攻击2个不同目标；使用主动雷达制导导弹可同时攻击8个不同目标。该雷达可以探测400千米外的大型水面目标和60~70千米外的坦克集群，并同时跟踪4个机动目标。可以说，Irbis-E型无源相控阵雷

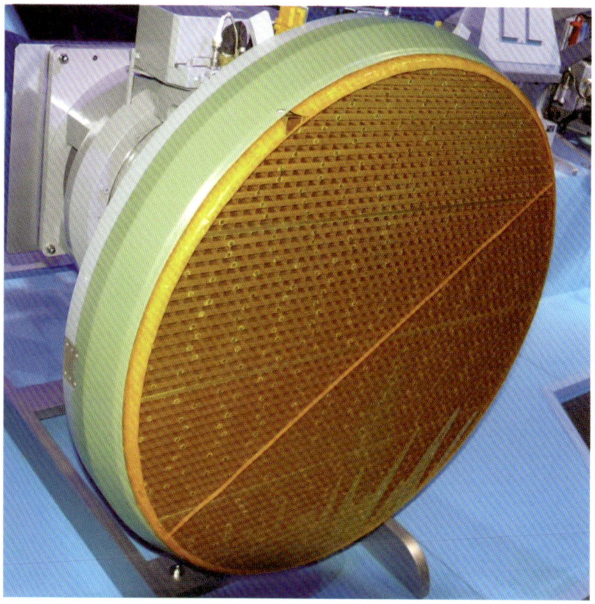

Irbis-E雷达天线特写。

Irbis-E雷达天线偏转驱动结构特写。

苏 -35 战斗机机翼前缘的 L 波段雷达。

苏 -35 战斗机 OLS-35 光电探测系统各型传感器的位置示意图。

综合系统性能

苏 -35 战斗机集成了各种先进的航电设备，综合系统性能处于世界先进水平。其中，OLS-35 光电探测系统兼容了红外传感器、激光测距仪等设备，可以作为红外跟踪、激光测距 / 瞄准指示器使用。L150-35 雷达告警系统工作频率在 1.2~40 吉赫兹区间，定位威胁方位精度在 5° 以内，进攻时还可为反辐射导弹提供目标指示。Khibiny-M 电子对抗系统是战斗机进行空中电子自卫的关键，该系统可以通过机翼端挂载的电子吊舱，对敌方目标火控雷达实施有源干扰，主要干扰样式包括欺骗式干扰、闪光式干扰和转发式干扰等，并可被动确定敌方目标信号源位置。该系统可将电子达的性能已经接近一架中型预警机的水平，同时还具备较强的抗干扰能力。该机在机翼前缘襟翼中布置了一套 L 波段的相控阵天线雷达，用于进一步扩大机载探测系统的探测视野，起到了一定的远程探测、预警和补盲效果，这在现代战斗机设计理念中尚属首次。该机的 OLS-35 光电探测系统兼容了 6 个红外探测传感器，可以为战斗机提供 360° 无死角的球形红外探测告警区域，还可同时跟踪 4 个不同波段的红外信号，正对目标情况下最远可以探测 50 千米，尾追目标情况下最远可以探测 90 千米。苏 -35 战斗机的探测能力在第三代半战斗机中处于领先地位。

翼尖挂载 Khibiny-M 电子对抗吊舱的苏 -35 战斗机。

俄罗斯 Sapsan-E 光电瞄准吊舱特写。

对抗系统、前后机载雷达以及雷达/激光/导弹接近告警系统的所有信息源进行融合处理和威胁判断，为飞行员提供战场电磁态势，并搭载一套金属箔条与红外干扰弹发射系统，用于空中防御。苏-35战斗机可外挂Sapsan-E光电瞄准吊舱，为战斗机提供对地面和海上目标的稳定瞄准能力。KPrNO-35综合机载系统的核心处理设备是1台BGS-3M图形处理系统和2台Baget-53-31M计算机。其中，BGS-3M图形处理系统可以生成2D或3D电子地图，提升低空突防时的安全系数，并支持各分系统间进行地形和目标数据的交叉比对，峰值运算速度为1亿次/秒，使用寿命6000小时，平均无故障时间（MTBF）为1200小时。Baget-53-31M核心计算机处理器频率为396MHz，内存容量8G，采用双机并行的工作方式，同时互为备份。在上述各类机载航电设备支持下，苏-35战斗机攻防作战能力得到了全面提升。

武器装备

苏-35多用途战斗机具备强大的攻击能力和先进的“越肩发射”能力，能够携带俄罗斯现役或正在研制中的几乎所有的机载武器，包括R-27、R-73、R-77、R-72/R-37M、RVV-AE等各类远/中/近程空空导弹，Kh-31A、Kh-59MK等各类反舰导弹，Kh-29TE、Kh-29L等各类对地导弹，3M-14AE巡航导弹，Kh-58重型反辐射导弹，KAB-500S-E卫星制导炸弹，LGB-250/KAB-1500LG激光制导炸弹和各类口径火箭弹等。苏-35多用途战斗机凭借12个挂点、8吨载弹量以及通用的火控系统，可以根据不同任务背景和目标特点选择不同的挂载方式，进一步提升了空中作战效能，将自身的火力优势发挥到极致。

苏-35战斗机的部分武器挂载方案

型　号	射　程	制导方式	最大挂载量
R-72/R-37M远程空空导弹	400千米	主动雷达/被动辐射	5
R-77中程空空导弹	100千米	主动雷达	12
R-27ET/EP中程空空导弹	130千米	红外/被动辐射	4
R-27ER中程空空导弹	130千米	半主动雷达	8
R-73E近程空空导弹	30千米	红外	6
3M-14AE巡航导弹	275千米	惯导+地形匹配+光学成像/主动雷达	1
KH-58反辐射导弹	200千米	被动辐射	5
Kh-59M反舰导弹	140千米	电视	5
Kh-31A/P反舰导弹	70/140千米	主动雷达/被动辐射	6
Kh-29TE空地导弹	10千米	电视+激光	6
LGB-250激光制导炸弹	/	激光	8
KAB-500Kr精确制导炸弹	/	电视	8
KAB-1500Kr精确制导炸弹	/	激光/电视	3
S-25LD火箭弹	10千米	激光	6
B-8M1火箭弹	10千米	/	6
B-13L火箭弹	10千米	/	4
S-250SMPU火箭弹	10千米	/	6
250千克航空炸弹	/	/	32

俄罗斯
苏 -35 战斗机

飞机几何数据	机长（含空速管）：	21.9 米
	机高：	5.90 米
	翼展（非后掠）：	15.3 米
	机翼面积：	62.0 平方米
飞机重量	空机重：	18400 千克
	正常起飞重量：	25300 千克
	最大起飞重量：	34500 千克
动力装置	发动机型号：	117S
	发动机数量：	2 台
	发动机推力（单台）：	86.3 千牛
	发动机最大推力（单台）：	142 千牛

飞机性能数据	最大平飞速度：	2.25 马赫（2390 千米 / 小时）
	实用升限：	18000 米
	航程：	3600 千米
	转场航程：	4500 千米
	机翼载荷：	408 千克 / 平方米
	爬升率：	280 米 / 秒
	推重比：	0.84

苏 -35 战斗机性能参数

ВВС РОССИИ

航展上按照空优任务进行武器挂载的苏 -35 战斗机。

综合评价

苏 -35 多用途战斗机作为一种空中优势战斗机，继承了苏 -27 家族强大的攻击能力。俄空军认为，苏 -35 战斗机的空战能力是苏 -27 战斗机的 1.5 倍，对地 / 对海攻击能力是苏 -27 战斗机的 3.2 倍，相比世界上现役第三代或三代半战斗机，苏 -35 战斗机的优势在于：可以进行超声速巡航，超机动性能强悍；超视距空战能力超群，近距格斗能力突出；多用途特征明显，对地 / 对海攻击能力兼备；作战半径大，维护保养要求降低，作战效能全面提升。苏 -35 战斗机在整个战斗机发展史上扮演着“承上启下”的重要角色，是一款高性价比的空中利器。

苏 -35 战斗机发射空空导弹。

美国 F-15 战斗机

美国 F-15 战斗机是麦道公司研发的一款双发全天候空优战斗机，是第三代战斗机中的佼佼者。该机从 1974 年服役以来，一直是美国空军的主力战斗机，先后参加了 100 多次对外战争和局部冲突，击落大量敌机，且无一损失，威名享誉世界。美国波音公司兼并麦道公司后，继续不遗余力地发展 F-15 战斗机各种现代化改进版本，使其成为世界上衍生型号最多、装备国家最多、版本最复杂的一款机型。2019 年，美国空军为弥补 F-35 战斗机装备数量的不足，决定采购最新型的 F-15EX 战斗机以替代寿命到期的 F-15C/D 战斗机。由此可见，诞生近 50 年的 F-15 家族还将继续出现在未来战场之上。

机体设计

气动外形设计

F-15 战斗机所有的设计思想均围绕夺取绝对空中优势而确立，设计时甚至根本没有考虑对地攻击能力。F-15 战斗机采用典型的后掠三角机翼、大后掠全动式水平尾翼、大展弦比双垂尾的传统气动布局，其气动设计能够在整个飞行包线范围内保持优秀的敏捷性和操控性。在超声速飞行时，阻力变化更平缓、机翼升力更充足，同时依靠强大的发动机弥补了超声速时阻

美国 F-15 战斗机：代号麦道 F-15“鹰”，绰号美利坚之鹰，是美国空军一型超声速喷气式第三代战斗机。

战功赫赫的美国 F-15C 战斗机

F-15C 战斗机三视图

F-15 战斗机具有堪称最优秀的气动外形。

专用于空战的 F-15C 战斗机机腹特写。

最新的 F-15EX 战斗机在气动外形上仍然基本保持不变。

力系数过大的缺陷。机翼前缘后掠 45°，没有设置前缘襟翼，仅设有后缘襟翼和副翼等共 4 个操纵面，从而简化了气动结构。大展弦比的垂尾可保证 F-15 战斗机在大迎角下的超机动能力和飞行稳定性。进气口分布于机身两侧，外侧设有整流罩，改善了大迎角下的飞行性能，提高了失速状态下尾翼的工作效率。F-15 战斗机座舱后部设有减速板，最大可打开 35°，帮助调整飞行时的俯仰角度，并能缩短降落距离。

机体结构设计

F-15 战斗机的机身采用全金属结构，机头部分主要包括雷达罩、座舱和电子设备舱。机身与机翼融合部位以及尾部的发动机舱，均采用钛合金材料制造，整机结构强度较好，生存能力较强。机翼前后缘、襟翼、副翼均采用全铝材料的蜂窝夹层设计，垂尾和水平尾翼由复合纤维与钛合金等材料共同构成，机翼内没有设计除冰系统。从 F-15C/D 型起，采用了低阻力的保形油箱设计，分布于进气道外侧，以提升机内燃油携带能力。F-15E 型则是在 F-15D 型基础上，增加了对地和对海攻击任务，对机体结构的 60% 进行了重新设计，改进机翼内部结构，从液压控制升级到电传控制，从而进一步降低机体重量，提升了武器挂载能力和燃油携带能力。最新型 F-15EX 战斗机在 F-15E 战斗机基础上进一步改进，通过使用大量新型航空制造技术，大幅增强了机身和机翼强度，延长整机飞行寿命至 20000 小时，并使最大武器载荷达到了惊人的 13.4 吨，可以挂载大量空空导弹或对地 / 对海攻击武器，成了名副其实的“空中武器库”。其武器挂载能

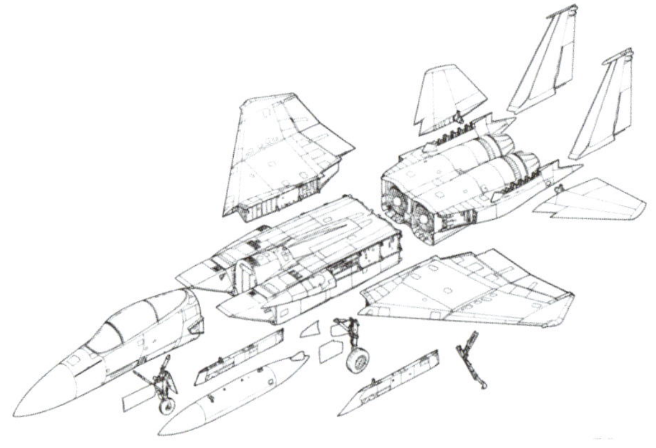

F-15E 战斗机结构示意图。

采用保形油箱、倾斜垂尾和内置弹舱设计的 F-15SE 隐身战斗机。

美国空军采购的最新型 F-15EX 战斗机想象图。

力是目前世界最强的战斗机型号，已逼近轰炸机载弹水平。

航电架构设计

F-15E 战斗机的航电系统内部由高速光纤进行互联互通，主要系统包括：AN/APG-82（V）1 有源相控阵雷达系统、先进座舱显示系统、ADCP-2 中央控制计算机系统、数字化电子战系统（DEWS）、环形激光陀螺惯性导航系统、三余度电传飞控系统、无线电和卫星通信系统、敌我识别系统、“狙击手”光电瞄准吊舱、“军团”光电吊舱、LANTIRN 导航与红外吊舱和其他辅助系统等，基本水平已经接近 F-35 战斗机，出口卡塔尔的 F-15QA 和日本即将升级的 F-15J 等更是直接使用了 F-35 战斗机的部分航电设备。目前，美国的 F-15E 战斗机已装备新型的无源 / 有源告警与生存系统（EPAWSS），下一步即将列装美军的 F-15EX 战斗机则具备更强大的核心计算机和一体化电子战系统，能够实现各航电系统间的无缝对接、全向感知、智能决策和自主电子对抗等功能。

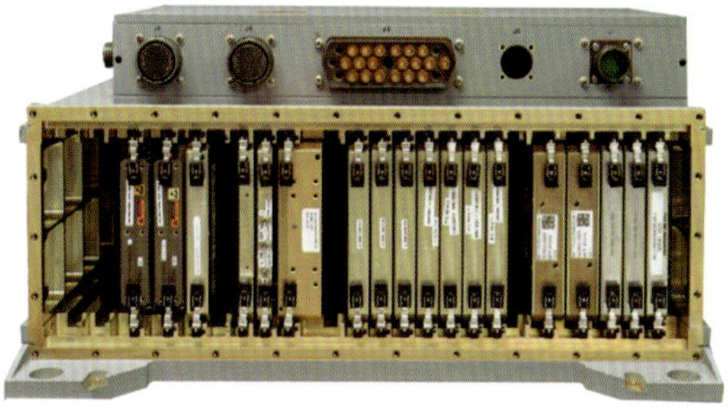

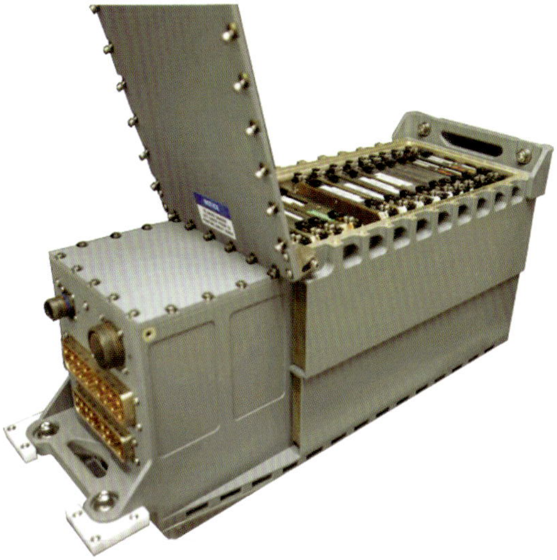

AN/ALQ-239 数字化电子战系统（DEWS）。

F-15 战斗机家族的航电架构已经非常成熟。

新型 F-15EX 战斗机翼尖雷达告警器的想象图。

驾驶座舱设计

F-15 战斗机的玻璃座舱采用整体式风挡设计，座椅设置较高，这使飞行员能够具备机身上半球 360° 的环视视野，机头正前方的下视角也达到了 15°。以现役 F-15E 战斗机为例，前座飞行员座舱显示系统包括 1 套广角平视显示器、3 台多功能显示器和各类仪表按键，主要显示飞行状态参数、战场态势、武器状态和目标状态等信息，并能自动为飞行员提供作战所需的必要信息和引导提示。飞行员弹射座椅前方为操纵杆，左侧为节流阀，具备“手不离杆”能力，可以识别飞行员按住按钮的时间并做出不同的响应，有效减轻了飞行员的操作负担。该机的飞行员还配备了头盔瞄准系统，极大增强了近距空战时的反应速度。F-15E 战斗机后座的武器操作员座舱设计非常宽敞，由 4 个并排的多功能显示器组成，主要显示雷达探测信息、光电传感器信息、武器状态信息、同步显示飞行员的平视显示器信息等，具备较好的武器管理使用、战场态势掌控、地面目标识别和实时通信交互等能力，同时，

最新 F-15E 出口型战斗机的飞行模拟器。

F-15E 战斗机飞行员座舱（前）。

单座的新型 F-15EX 战斗机座舱想象图。

F-15E 战斗机武器操作员座舱（后）。

后座也可在必要时接管飞机操控权限。F-15EX 战斗机则具备更加智能的一体化机载综合系统，1 名飞行员即可进行操控和作战。

性能特点

飞行性能

F-15 战斗机的优势在于优秀的速度、机动性和操控性，全家族均采用普拉特·惠特尼公司的 F100 系列发动机或通用电气公司的 F110 系列发动机。以 F-15E 战斗机为例，该型机装备有 2 台改进型的 F100-PW-229 大推力涡扇发动机，配套 1 款改进型数字电传飞行系统和 1 套不对称推力偏航调节系统，从而确保对飞行姿态以及两个发动机工作状态的精确控制。该发动机具备较大的涵道比，采用模块化设计，能够实现快速拆装和维护保养，其尾喷管可以进行截面积调节，为加力燃烧室内部提供不同的压力。F-15E 战斗机在这款发动机的支持下，能够达到 2.5 马赫的最大飞行速度，拥有更好的加速能力和更高的推重比，为搭载未来的高超声速武器奠定了基础，但该型发动机的冷却要求较高，需要在 F-15E 战斗机两侧机身的保形油箱上增加一个冷却空气进气口。最新型的 F-15EX 战斗机将会

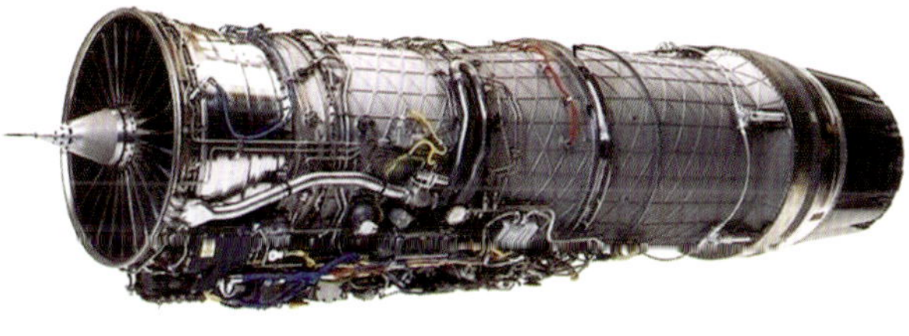

F-15E 战斗机的 F100-PW-229 发动机。

正在空中加油的 F-15E 战斗机。

正在降落的 F-15E 战斗机。

新型 F-15EX 战斗机的爬升状态。

采用更强大的发动机，具备更加优秀的超声速巡航能力和超机动能力。

探测性能

F-15 战斗机先后装备了 AN/APG-63 系列、AN/APG-70 系列、AN/APG-82 系列等多型雷达系统。F-15E 战斗机最新升级后安装的是 AN/APG-82（V）1 有源相控阵雷达，该雷达是一种 X 波段的多模式通用雷达，约有 3600 个 T/R 单元，探测距离约 180 千米，具备较好的对空、对地、对海多目标探测跟踪能力，能够有效过滤地面杂波干扰，发现低空小型高速目标和地面机动目标，配合外挂的各类先进光电吊舱，能够对地面机动目标发起精确打击。F-15E 战斗机新装备的无源 / 有源告警与生存系统（EPAWSS）是在原有的 ALQ-239

F-15 战斗机早期装备的 APG-63（V）3 有源相控阵雷达。

最新的 AN/APG-82（V）1 有源相控阵雷达。

F-15E 战斗机 EPAWSS 系统设备组成示意图。

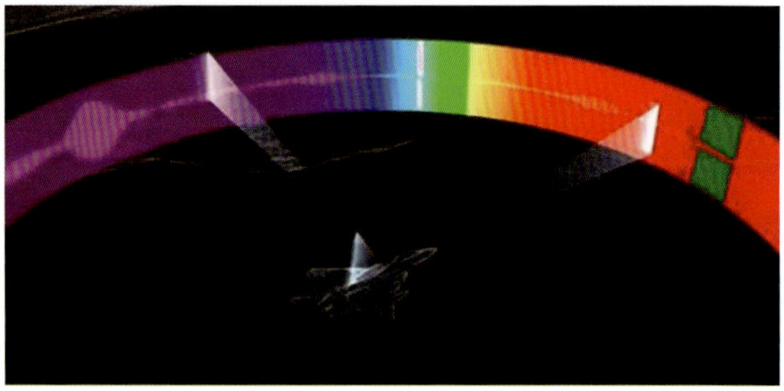

F-15E 战斗机 EPAWSS 系统全频段被动监控示意图。

数字化电子战系统（DEWS）基础上升级而来，具备360°全方向全频段的态势感知能力、电子对抗能力和自我防御能力，能够对敌方防空体系进行全面侦察，有效增强了战斗机的生存能力。

综合系统性能

F-15 战斗机早期定位为空优战斗机，但随着第四代战斗机的陆续列装，美国装备的各型 F-15 战斗机逐步转为侧重本土防空和对地 / 对海作战任务的辅助机群，但国际军火市场上的 F-15QA、F-15SG、F-15J 等出口型号仍在不断升级改进，具备强大的空战能力和执行多样化任务的能力，整体性能超过了三代半战斗机标准。以 F-15E 战斗机为例，该机综合系统融入了许多先进的信息化技术，由于不考虑隐身性能，机体设计有足够的升级改进空间，部分航电设备的技术水平甚至超过了 F-22 战斗机。在加挂新型“军团”光电吊舱后，F-15 各型战斗机均具备强大的红外被动探测能力，弥补了机载雷达的盲区，使其在不发出任何电磁辐射的情况下能够实现对目标的远距离截获和跟踪，

“军团”光电吊舱。

F-15 战斗机抛洒红外箔条干扰弹。

“狙击手”光电瞄准吊舱。

F-15 战斗机携带 AIM-54 高超声速导弹测试。

美国
F-15D 战斗机

飞机几何数据	机长：	19.43 米
	机高：	5.68 米
	翼展：	13.03 米
	主机翼面积：	56.5 平方米
动力装置	发动机型号：	F100-PW220/220E
	发动机数量：	2 台
	发动机类型：	加力涡轮风扇
	发动机推力（单台）：	77.62 千牛
	发动机最大推力（单台）：	111.2 千牛
	发动机生产公司：	普·惠公司
飞机重量	空机重：	12700 千克
	正常起飞重量：	20500 千克（6 枚 AIM-120，2 枚 AIM-9M）
	最大起飞重量：	30800 千克
燃油及载荷	机内燃油：	6103 千克

飞机性能数据	最大平飞速度：	3000 千米/小时（2.5 马赫）
	最大平飞速度（低空）：	1450 千米/小时
	实用升限：	20000 米
	转场航程：	5550 千米（携带保型油箱和三个副油箱）
	作战半径：	1000 千米
	爬升率：	254 米/秒
	机翼载荷：	358 千克/平方米
	推重比：	0.84
其他	首飞时间：	1972 年 7 月 27 日
	主要制造商：	波音公司（麦·道）
	状态：	服役中
	单价：	3000 万美元（1998）

F-15D 战斗机性能参数

F-15EX 战斗机和 F-35 战斗机均可协同无人机作战。

并大幅提升了对第四代隐身战斗机的发现概率。环形激光陀螺惯性导航系统可以在全球任何位置为 F-15 战斗机提供精准导航，与飞行姿态控制系统一起实现对飞机实时位置、航向航速、飞行高度、俯仰 / 滚转状态等信息的融合显示。F-15 战斗机还可以加装“狙击手”光电瞄准吊舱、战术侦察设备和雷达干扰设备等，从而进一步提升其综合作战效能。

武器装备

F-15战斗机由于具备巨大的战斗载荷，在进行航电升级或挂载吊舱后，可搭载大量各类型对空和对地武器。在美国空军未来作战设想中，先由F-22和F-35等第四代隐身战斗机摧毁敌方防空能力，再由F-15、F-16等第三代战斗机携带大量武器进行扫荡作战。目前，F-15E战斗机的主要武器包括：AIM-9系列近程格斗导弹、AIM-120系列中程空空导弹、AGM-65空地导弹、AGM-130空地导弹、AGM-154巡航导弹、JDAM系列联合攻击弹药、GBU-10/12/15/24“宝石路”系列激光制导炸弹、GBU-28碉堡穿透炸弹、GBU-39小直径炸弹、CBU-105集束炸弹和B61-12战术核弹等。另外，F-15战斗机在机身右侧进气道外还装备了一门M61A1型6管机炮，备弹512发。

F-15E 战斗机的部分武器挂载方案

型　号	射　程	制导方式	最大挂载量
AIM-9 系列	18 千米	红外	4
AIM-120 系列	120 千米	主动雷达 /GPS/ 数据链 / 伙伴引导模式	12
AGM-65	50 千米	激光 / 红外	6
AGM-130	45 千米	电视 / 红外	4
AGM-154	560 千米	惯导 + GPS	2
JDAM 系列联合攻击弹药	/	GPS	4~8
“宝石路”系列激光制导炸弹	/	激光	4~12
GBU-28 碉堡穿透炸弹	/	激光	1
GBU-39 小直径炸弹	80 千米	惯导 +GPS 导航	32
CBU-105 集束炸弹	/	惯导 + 风偏修正	8
B61-12 战术核弹	/	惯导 + GPS	4

F-15E 战斗机正在投掷“宝石路”系列激光制导炸弹。

F-15EX 战斗机的六管机炮特写。

F-15E 战斗机对地攻击挂载方案。

新型 F-15EX 战斗机对空作战挂载方案（16 枚空空导弹）。

综合评价

美国 F-15 战斗机在第三代向第四代战斗机的过渡时期具有较高性价比，该型战斗机技术成熟、故障率低、飞行员储备充足、维护保养简单、后勤体系完备，这也是美国空军继续采购新型 F-15EX 战斗机的主要因素。下一步，具备 20000 小时生命周期的 F-15EX 战斗机将逐步替代机体寿命到期的 F-15C/D 战斗机，以保持美国空军现役战斗机联队的数量规模。可以预见，直到 F-35 等第四代战斗机逐步完成换装并成为主力机型，F-15 家族才会最终退出历史舞台。未来战场上，新型的 F-15EX 战斗机必将作为 F-22 与 F-35 隐身战斗机的强力补充，充分发挥其惊人的火力优势和强大的作战效能。

即将装备美空军的 F-15EX 战斗机双机编队。

俄罗斯米格 -31 战斗机

俄罗斯米格 -31 战斗机是由苏联米高扬设计局设计、索科尔飞机制造厂生产的全天候双座超声速高空截击机，属苏联研发的首款第三代战斗机。该机于 1982 年装备苏联空军，凭借强大的高空高速飞行能力和远程拦截能力，曾给冷战时期的北约国家造成了巨大压力，被称为“平流层怪兽”。苏联解体后，米格 -31 战斗机基本停飞，且数量逐年下降至 100 余架。2013 年，俄罗斯为维持国土防空能力和北极地区作战需求，

俄罗斯米格-31 战斗机：
译文捕狐犬，通称米高扬米格-31，是苏联/俄罗斯一型串列双座全天候截击战斗机。

俄罗斯米格-31 战斗机

再次启动米格 -31 战斗机的改进和延寿工作，从而衍生出米格 -31BM、米格 -31D 和米格 -31BP 等多个型号，用于执行空中巡逻、空中截击、反弹道导弹、反大型水面舰船及反卫星等作战任务。

机体设计

气动外形设计

米格 -31 战斗机诞生于冷战时期，肩负着单一且特殊的高空高速拦截任务。该机在气动外形设计上采用悬臂式后掠单翼、全动水平尾翼、大后掠双垂尾的气动布局；机翼后掠角为 41°；每侧机翼前缘具有 4 块独立襟翼，最大可偏转 10°；机翼后缘具有 1 块大面积襟翼和 1 块副翼，最大可分别偏转 30° 和 20°；机翼中间上侧表面设有 1 块翼刀；机身腹部设有向外倾斜的腹鳍；垂尾根部与机身融合处设有整流片。该机发动机楔形进气道位于机身两侧，外形同美国 F-15 战斗机类似。这种气动外形设计延续了米格 -25 战斗机基本思路，在完全追求高空高速飞行能力的基础上，兼顾一定的跨声速稳定性和低速操控性。因此，米格 -31 战斗机不具备低空、低速条件下的大过载机动能力，不能执行空中格斗任务。

米格 -31 原型机（831 号）。

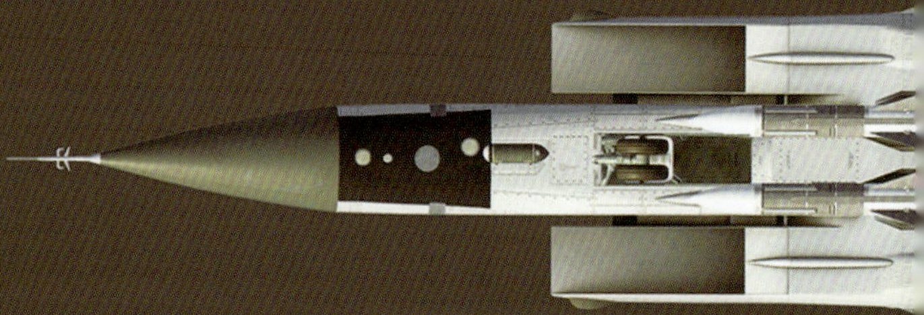

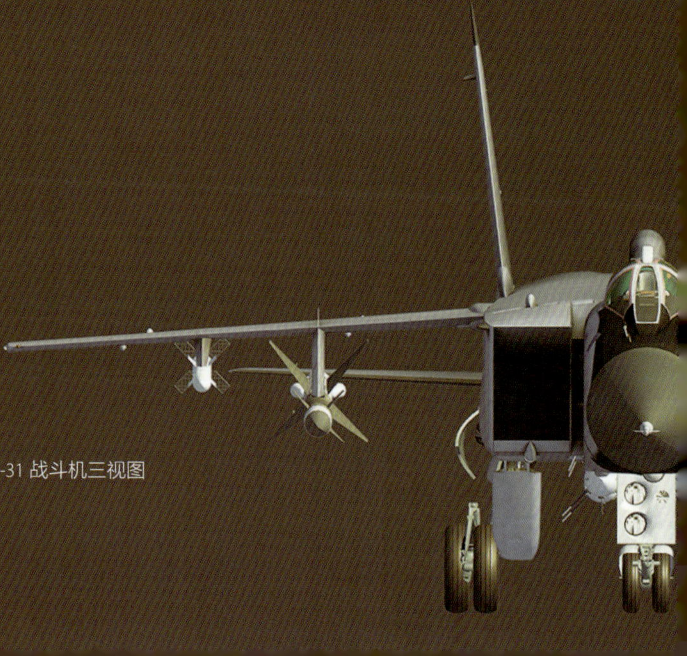

米格 -31 战斗机三视图

升级后的米格 -31BM 战斗机。

机体结构设计

米格 -31 战斗机总体结构相对简单，串列驾驶座舱后部设有一直延伸至尾椎的整流罩，内部布设了各种电缆和导管。机身下方有两个减速板，尾椎罩内设有两具减速伞。该机进气道为了保证在不同速度下的发动机进气量、控制激波位置和消除溢流现象，结构设计相对复杂，主要采用了辅助进气门、铰接进气口、可动斜板和环形冷却孔等设计。起落架后主轮的设计

正在延寿升级中的米格 -31BM 战斗机。

米格 -31BM 战斗机设有 8 个外挂点。

用于挂载 R-73 导弹的 APU-73 挂架。

可以同时挂载 3 枚 R-60 导弹的 APU-60-Ⅲ三联式挂架。

也独具特色，采用外轮在前、内轮在后的双轮交错结构，而非同前轮一样的双轮并排结构，这种设计主要是为了提升米格 -31 战斗机在各种简易机场、半平整道路、甚至草地上的起降能力。该机机头左侧设有可伸缩的空中加油管，具备远程奔袭能力。米格 -31 战斗机机腹下有 8 个外挂架，当采取不同武器挂载方案时，需要更换不同的外挂架，主要包括 R-37 导弹的 AKU-610 挂架、R-33 导弹的 AKU-410 挂架、R-77 导弹的 AKU-170E 挂架、R-73 导弹的 APU-73 挂架以及 R-60 导弹的 APU-60-Ⅲ 三联式挂架等。由于米格 -31 战斗机服役时间较长，新升级的米格 -31BM 等型号均需要进行机体延寿和重新加固，否则无法达到最佳的飞行状态。

米格 -31BM 战斗机仍保留了老旧的可收放式 8TP 红外搜索与跟踪系统。

米格 -31BM 战斗机的 8TP 红外搜索与跟踪系统工作状态。

航电架构设计

米格 -31 战斗机航电系统相对简单，没有高集成度的各类信息化设备，各航电系统基本上是独立工作状态，自动化和智能化水平低。该型机早期型号装备了 Zaslon-N-007 无源相控阵雷达，是世界上第一款装备无源相控阵雷达的战斗机，2019 年完成升级的米格 -31BM 战斗机则换装了 Zaslon-M 型多功能相控阵雷达。该机主要航电设备包括：Baget-55-06 火控计算机、武器控制系统、敌我识别系统、雷达告警接收机、APD-578 数据链路系统、R-800L 超高频 / 甚高频无线电、A-737 卫星导航接收机和 8TP 红外搜索与跟踪系统等。另外，在飞控系统方面该机并没有升级为电传系统，仍然采取老旧的液压传动装置，导致驾驶座舱仪表繁多且安全系数较低。由于该机具备较大的机体，安装新型航电设备的升级空间较为充足，后续米格 -31BM、

米格 -31 战斗机早期装备的 Zaslon-N-007 无源相控阵雷达。

米格 -31D 和米格 -31BP 等机型在加装相应设备后就可具备巡航导弹和弹道导弹拦截能力，并能够使用高超声速武器和反卫星武器。

驾驶座舱设计

米格 -31 战斗机驾驶座舱采用串列双座设计，前座为飞行员，后座为系统操作员。该型战斗机升级为米格 -31BM 版本后，飞行员座舱在平视显示器下方控制面板右侧增加了一台小型液晶显示器，用于显示新增航电设备状态信息。系统操作员座舱更换了大量航电设备，相对老款米格 -31 战斗机变化较大，如新增了两个大型液晶显示器，用于显示火控系统、电子战系统和导航系统相关信息。由于后座系统操作员需要光线较弱的工作环境，以便专注机载系统操作和导弹末制导控制，因此该机后座舱没有采用玻璃座舱设计，而是采用了半密闭式设计，仅留有两侧面积不大的窗口。米格 -31BM 战斗机按照“远距离主动攻击、近距离避免缠斗”的作战思路，没有给飞行员配备头盔瞄准系统。该机虽然能够搭载多款俄罗斯最先进的红外

米格 -31 战斗机驾驶座舱采用串列双座布局。

米格 -31BM 战斗机的前部飞行员座舱。

米格 -31BM 战斗机的后部系统操作员座舱。

格斗导弹，但无法发挥其大离轴角发射或越肩发射的性能优势，只能攻击前半球方向一定范围内的空中目标，当双方超视距攻击没有决出胜负时，米格 -31BM 战斗机会立即退出作战空域。

性能特点

飞行性能

米格-31战斗机装备有2台俄罗斯索洛维耶夫设计

局（现改称彼尔姆航空发动机科研生产联合体）的D-30F-6双转子涡扇发动机，单台推力93千牛，加力推力152千牛，发动机推重比6.6，涵道比0.4。该型发动机赋予米格-31战斗机强大的高空高速性能，使其能够进行2.3马赫的高空超声速巡航，最大平飞速度达2.83马赫，最大实用升限达24000米，即使在北极恶劣的作战环境下，也能够达到17000米的飞行高度，这是世界上其他现役战斗机均无法超越的顶级水平。米格-31战斗机不适合做任何空中大过载机动动作，低空机动过载限制在5以内，高空高速机动过载更是限制在3以内，以防止飞机临空解体。高速飞行状态下，米格-31战斗机的转弯半径极大，只能采取“一击即走”的典型截击战术。

正在空中加油的米格 -31BM 战斗机。

米格 -31 战斗机的 D-30F-6 发动机。

米格 -31 战斗机发动机尾喷口特写。

探测性能

米格 -31 战斗机的 Zaslon-N-007 无源相控阵雷达探测距离约为 200 千米，探测范围为机头正面水平方向 ±60°，垂直方向 ±70°，能够同时跟踪 10 个目标，并攻击其中 4 个。新型米格 -31BM 战斗机在升级 Zaslon-M 多功能相控阵雷达系统后，天线阵列直径增加到 1.4 米，探测能力拓展至 320 千米，能同时跟踪 24 个目标，攻击其中 8 个。新型雷达的使用让米格 -31BM 战斗机具备了拦截巡航导弹的能力，并可搭载新型远程空空导弹。米格 -31BM 战斗机保留了机身下方的 8TP 可收放式红外搜索跟踪传感器（IRST），对红外目标最大探测距离为 50 千米，探测范围为机头正面水平方向 ±60°，垂直方向 6°至 −15°。必要时，该设备还能为红外制导的近程空空导弹指示目标。在

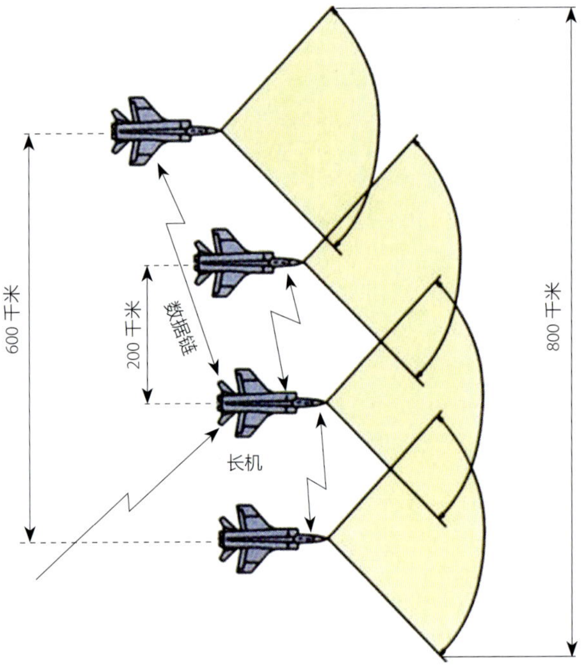

米格 -31BM 战斗机四机编队的典型拦截战术。

广袤无人的俄罗斯远东地区和北极地区，米格 -31 战斗机可以替代地面雷达站和空中预警机执行战备巡逻任务，并可独立进行无外部情报支援下的空中作战行动。一般情况下，4 架米格 -31 战斗机编队可以覆盖 800~900 千米的正面拦截宽度，并实时为己方部队提供空中态势情报。

综合系统性能

米格 -31 战斗机由于其特殊的作战理念，机载综合系统功能相对简单，核心计算机主要用于处理火控雷达和红外传感器截获的空中目标情报信息。该机仅有一套 SPO-15LM 型雷达告警系统，并不具备电子对抗能力和近程防御能力。升级后的米格 -31BM、米格 -31D 和米格 -31BP 等后续型号均装有 APD-578 数据链路系统，能够与友方空中平台、地面指挥中心和其他部队进行情报交互和态势共享。米格 -31 战斗机的升级内容还包括 2 套新型 R-800L 超高频 / 甚高频无线电台和 1 套 A-737 卫星导航接收设备，能够通过俄罗斯的格洛纳斯（GLONASS）卫星导航系统提高远程武器打击精度。通过现代化升级，米格 -31BM 战斗机具备了一定的对地打击能力，米格 -31BP 战斗机具备携带高超声速反舰导弹的能力，而米格 -31D 战斗机则正在加紧测试反卫星武器。总体来看，米格 -31 战斗机

挂载“匕首”高超声速导弹战备值班的米格 -31BP 双机编队。

挂载新型反卫星导弹进行实验的米格 -31D 战斗机。

适应北极地区恶劣作战环境的米格-31战斗机。

的综合系统性能得到了成倍提高，简单、皮实、耐用的特性使其具备在恶劣气候地区长期部署的能力。

武器装备

米格-31战斗机的战斗方式以高空高速截击为主，主要装备空对空武器，相比庞大的机体来说，其武器挂载能力较弱，机翼的4个挂点承重能力相对较差，重型武器只能挂载在机腹的4个挂点。升级后的米格-31系列战斗机具备多用途作战能力，可以携带更多俄罗斯现役或测试中的先进武器，主要包括R-33和R-37系列远程空空导弹、R-40系列中距空空导弹、R-60系列近距空空导弹、“宝石”超声速反舰导弹、Kh-47M2“匕首”高超声速反舰导弹和“海燕”核动力巡航导弹等。另外，该机机身右侧下部安装了1门23毫米口径GSH-6-23或30毫米口径GSH-6-30机炮，备弹230发。可以看出，围绕米格-31战斗机高空高速优势而发展起来的新型武器系统和创新作战思路，使得“重获新生”的米格-31战斗机具备了全新的威慑能力，这也正是对俄罗斯“不对称作战”思想最生动的诠释。

米格-31系列战斗机的部分武器挂载方案

型　号	射　程	制导方式	最大挂载量
R-60系列近距空空导弹	300米至5千米	红外	4
R-40系列中距空空导弹	50千米	半主动雷达/红外	4
R-33系列远程空空导弹	160千米	半主动雷达	4
R-37系列远程空空导弹	300千米	主动雷达	4
“宝石”超声速反舰导弹	300千米	惯导+主/被动末制导	4
“匕首”高超声速反舰导弹	1000千米	主动雷达+GLONASS	1
“海燕”核动力巡航导弹	无限	GLONASS	1

米格-31BM战斗机典型的“4远+4近”空战挂载方案。

米格-31BP战斗机挂载“匕首”高超声速导弹特写。

俄罗斯
米格-31 战斗机

飞机几何数据	机长：	22.668 米
	机高：	6.15 米
	翼展：	13.456 米
	机翼面积（总）：	61.6 平方米
燃油及载荷	满载（不带副油箱）：	18500 升
	满载（带副油箱）：	23500 升
	正常情况：	13700 升
	副油箱油料：	2×2500 升
飞机重量	空机重：	21820 千克
	起飞重量（最大燃料/没其他挂载）：	36700 千克
	起飞重量（4 枚 R-33，正常燃料，无副油箱）：	37100 千克
	起飞重量（4 枚 R-33，最大燃料，无副油箱）：	41000 千克
	最大起飞重量（4 枚 R-33，最大燃料，2 个 PTB-2500 副油箱）：	45900~46200 千克
	着陆重量：	26600 千克

飞机性能数据	最大平飞速度（高空 17000 米以上）：	2.83 马赫（3000 千米/小时）
	最大平飞速度（低空海平面）：	1.2 马赫（1500 千米/小时）
	巡航速度（超声速）：	2500 千米/小时
	巡航速度（亚声速）：	900 千米/小时
	飞机离地速度（37100 千克超飞重量）：	345 千米/小时
	着陆速度（26600 千克重量）：	280~285 千米/小时
	最大马赫数：	2.83 马赫
	最大升限（4 枚 R-33 和 2300 千克余油）：	24000 米
	最大航程（4 枚 R-33，2.35 马赫）：	1400 千米
	转场航程：	3300 千米
	作战半径（超声速）：	720 千米
	作战半径（亚声速，不带配油箱）：	1200 千米
	续航时间（无空中加油）：	3.6 小时
	续航时间（一次空中加油）：	6~7 小时
	机翼载荷：	666 千克/平方米
	起飞滑跑距离（37100 千克起飞重量）：	950 米
	着陆滑跑距离（26600 千克，带有减速伞）：	800~900 米
	着陆角（26600 千克）：	13°
	最大俯冲角：	45°
	推重比：	0.76

动力装置	发动机型号：	D-30F-6
	发动机数量：	2 台
	发动机类型：	加力涡轮风扇
	发动机推力（单台）：	93 千牛
	发动机最大推力（单台）：	152 千牛
	发动机生产公司：	索洛维约夫
其他	首飞时间：	1975 年 9 月 16 日
	主要使用国：	俄罗斯，哈萨克斯坦
	主要制造商：	米高扬设计局
	状态：	服役中
	数量：	400 架以上

米格 -31 战斗机性能参数

米格 -31 战斗机发射 R-33 远程空空导弹。

综合评价

俄罗斯作为世界上国土面积最大的国家，拥有大量地广人稀的边远地区，这些地区往往处于高纬度地带，气候相对恶劣。以俄罗斯目前的国力水平，难以在漫长的国境线上维持大量雷达站和军用机场，更不可能采购大批新型战斗机替换老旧机型。为了确保国土防空网的完整性，重新升级的米格 -31 战斗机成了最优选项，该机高空高速的特点使其成为俄罗斯“剑走偏锋”的一款利器。长远来看，虽然米格 -31 战斗机能够解俄罗斯一时之困，但机体寿命的不断延长将加大后期维护保养成本，也会极大限制战斗机正常飞行性能的发挥，增加了飞行事故的隐患。

米格 -31 战斗机双机编队。

美国 F/A-18E/F 舰载战斗机

美国 F/A-18E/F [㊀]舰载战斗机是波音公司研发的第一款同时肩负战斗与攻击使命的多用途三代半战斗机。自 2019 年美国海军 F/A-18C/D 舰载战斗机全部退役后，F/A-18E/F 成了美国海军航母编队唯一的舰载战斗机，其下一代的 F-35C 舰载战斗机还在加紧测试中，距离批量装备还需要很长的时间。F/A-18E/F 舰载战斗机是 F/A-18 大家族的最新型号，能够承担对地 / 对海打击、编队防空、护航、侦察和伙伴加油等多样化作战任务。现役 F/A-18E/F 舰载战斗机主要分为 Block Ⅰ和 Block Ⅱ两个版本，其中 Block Ⅰ版主要担负教练机职能，Block Ⅱ版本则是目前美国海军的主战版本，部分 Block Ⅱ版本升级为 Block Ⅲ版本的工作也已有序展开。

机体设计

气动外形设计

F/A-18E/F 舰载战斗机采用前边条翼、中等后掠角

㊀ E 型为单座版，F 型为双座版。 ——编者注

机翼、可变前/后缘襟翼、差动水平尾翼和外倾双垂尾的常规气动外形设计。整机气动外形在与F/A-18C/D保持一致的同时，尺寸明显加大，机身前部增大了机翼和前缘边条面积，从而提高了最大升力系数、大迎角机动能力和航母起降能力，在前边条翼与垂尾的共同作用下，所产生的涡流能够有效提高方向舵的工作效率。F/A-18E/F的机翼前缘为锯齿形，可向下偏转约30°，机翼后缘为单缝襟翼，可向下偏转约45°，机翼设计增加了升力和副翼效率，提升了战斗机横滚和盘旋时的可操控性，有效降低飞机着舰时的进场速度，避免了可能出现的横向偏移隐患。F/A-18E/F战斗机采用了典型的加莱特进气道设计，分设于两侧边条翼下方，能够在大迎角状态下控制空气流量，提升发动机效率。双垂尾分别外倾20°，使其在减少雷达反射效果的基础上，提升了大迎角下的过失速机动能力，在与副翼同时作用时，能够有效替代F-15战斗机和F/A-18C/D战斗机的背部减速板功能。该机各控制面在电传飞控系统统一控制下能够进行协同差动，有效提升了亚声速下的机动性能。F/A-18E/F战斗机的气动布

装有保形油箱的F/A-18F战斗机Block Ⅲ版本正面特写。

具备优秀起降能力的F/A-18F舰载战斗机。

正在升级的F/A-18E/F舰载战斗机。

正在弹射起飞的F/A-18E舰载战斗机尾部特写。

F/A-18E/F 舰载战斗机：绰号 Hornet，译为大黄蜂攻击战斗机，通称波音 F-18“大黄蜂”，正式编号：F/A-18，是美国海军一型超声速喷气式第三代战斗机。

美国 F/A-18E/F 舰载战斗机

F/A-18E 舰载战斗机三视图

209
209

局使其在较大载重情况下可以保持良好的下沉率，具备携带武器安全返舰的能力。

机体结构设计

F/A-18E/F 舰载战斗机的机体结构在尺寸加大的基础上，进一步简化了结构组成和零件数量，在机身、机翼前后缘、进气道、翼面蒙皮等部位使用了大量复合材料，尽可能减少铝合金材料比重，有效减轻了机体重量。为便于在航母上停放，该机的机翼和雷达整流罩均可折叠，起落架采用了加固的倒 T 字梁双轮式设计，空中加油管为可伸缩式结构；机身前部主要布置了各种航电设备舱、驾驶舱、前起落架舱和机炮舱；机身中部主要是辅助设备舱；机翼设有大容量的油箱，单座型载油量比双座型多 0.4 吨；机身尾部主要为发

F/A-18E/F 战斗机单座与双座版本的主要区别是驾驶座舱结构。

F/A-18E/F 战斗机加莱特进气口和内部吸波挡板的结构特写。

F/A-18E/F 战斗机加固式起落架和锯齿形舱盖的特写。

动机和后起落架舱。该机为了提升雷达隐身能力，起落架舱门和机身各盖板边缘均设计为锯齿形，部分机体表面和雷达整流罩内使用了新型的雷达吸波涂层，双斜面的加莱特进气道内部也设有吸波挡板，以避免涡轮发动机叶片对雷达波的直接反射，整机外延轮廓采用和 F-22 战斗机类似的平行设计理念，使 F/A-18E/F 战斗机的正面雷达散射截面积（RCS）下降至 1.5 平方

机翼折叠状态的 F/A-18F 舰载战斗机。

现役的Block Ⅱ 版本装备了AN/APG-79有源相控阵雷达、AN/ASQ-228红外瞄准吊舱（ATFLIR）、LINK-16多任务信息分发系统（MIDS）、AN/ALQ-214机载干扰机（OBJ）、AN/ALE-55光纤拖曳诱饵系统、IRST21光电探测系统、AN/ALR-67（V）3雷达告警系统、AN/ALQ-126B电子对抗系统、AN/AAR-57通用导弹告警系统、AN/ALE-47箔条/红外干扰弹发射系统以及自动辅助着舰系统等。其中，IRST-21首次安装在FPU-13通用副油箱的前部，成为世界第一款复合式任务载荷。正

准备拦阻降落的 F/A-18E 舰载战斗机。

米左右。最新升级的 F/A-18E/F 战斗机 Block Ⅲ 版本，采用了保形油箱和保形武器舱的全新机体结构，进一步提升了机内载油量，这使机身的 11 个外挂架可以挂载更多重型武器，机体使用寿命也从 6000 飞行小时增加到 10000 飞行小时。

航电架构设计

F/A-18E/F舰载战斗机具备开放式的航电架构，搭载了超高速计算机和光纤数据链路，在不断升级的过程中，该机信息化程度始终处于世界先进水平。

F/A-18F 舰载战斗机雷达位置示意图。

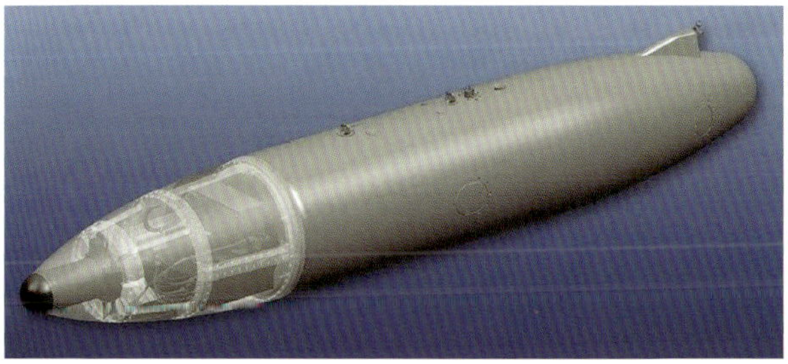

安装在 FPU-13 副油箱前部的 IRST-21 光电探测系统。

FPU-13 副油箱前部的 IRST-21 光电探测系统。

在升级的Block Ⅲ 版本将进一步更新航电设备，提升系统综合处理能力和信息共享能力。完成升级后的Block Ⅲ 版本将拥有强大的作战性能和态势融合能力，可继续服役至2040年后。

驾驶座舱设计

F/A-18E/F 舰载战斗机采用了气泡式玻璃座舱设计，整个座舱由前方的固定圆弧状风挡和向后开启的整体式座舱盖组成，E 型单座座舱盖尺寸较小，F 型双座座舱盖尺寸较大，中间设有一根加固框条，外观上很容易识别。单座和双座版的飞行员座舱基本相同，主要包括 1 台广角平视显示器，1 个触摸式液晶显示器，以及围绕中央触摸式显示器成倒三角布置的 3 个多功能显示器，各显示器能够互为备份，根据飞行员需要随意切换显示模式。F 型的系统操作员座舱则由 4 块多功能显示器组成，用于显示更复杂的战场态势和共享情报等信息，具备更强的雷达探测、红外探测、目标识别、威胁判断、武器引导等作战能力，前、后

现役 F/A-18E/F 舰载战斗机飞行员座舱。

F/A-18F 战斗机 Block Ⅲ版本的新型一体化显示座舱。

现役 F/A-18F 舰载战斗机的系统操作员座舱。

飞行员装备的联合头盔指示系统（JHMCS）。

座的操控系统均为“手不离杆”设计风格。该机飞行员装备有最先进的联合头盔指示系统（JHMCS），提升了超视距作战和近距格斗能力。该机采用了马丁·贝克公司的 NACES 零零弹射座椅，拥有较好的安全性和可靠性。

性能特点

飞行性能

F/A-18E/F 舰载战斗机装备了通用电气公司的 F414-400 型发动机，采用双轴双压气机和高 / 低压涡轮结构，由 7 级高压压缩扇叶、多孔燃烧筒、高压涡轮及低压涡轮等部件组成。F414-400 发动机具备 97.9

F414 型涡扇发动机。

F/A-18F 舰载战斗机突破音障。

携带四个副油箱和加油吊舱准备执行“伙伴加油”任务的 F/A-18E 战斗机。

F/A-18E/F 舰载战斗机具备“伙伴加油”能力。

千牛的单台最大推力，使得 F/A-18E/F 战斗机能够在弹射器的帮助下，携带重达 8 吨的武器载荷升空作战，并至少可以携带 3 吨未使用的武器弹药着舰降落。该机采用双频道全数位电子控制（FADEC）系统，能够自动调整飞机过载和飞行姿态，具备有效辅助飞行员的“无顾虑”飞行能力。大机翼展弦比和大载油量的设计使得 F/A-18E/F 战斗机能够在不进行空中加油的情况下，在距航母 700 千米外保持留空 1 小时以上，在进行伙伴加油情况下，其作战半径可达 1500 千米。F/A-18E/F 舰载战斗机兼顾了多种作战任务需求，但其瞬时转弯、持续盘旋和大过载机动性能不够理想。

探测性能

F/A-18E/F 舰载战斗机装备了 AN/APG-79 型有源相控阵雷达，探测距离约 160 千米，能够同时跟踪 20 个空中目标，并攻击其中 8 个，具备超视距对地 / 对海目标探测跟踪能力、地形测绘能力和一定的电子抗干扰能力，平均无故障时间不少于 500 小时。AN/ASQ-228 红外瞄准吊舱具备远距离高清红外 / 电视成像、目标识别和精确瞄准能力，主要用于侦察监视、远程精确打击和近距离火力支援等任务。IRST-21 光电探测系统是一种长波红外探测系统，能够在机载雷达关机的情况下，被动探测各种飞机和导弹目标的红外特征，包括涡扇发动机和火箭发动机产生的尾焰热量、第四代战斗机飞行时与空气摩擦产生的气流热量等，从而

F/A-18E/F 舰载战斗机的 AN/APG-79 有源相控阵雷达。

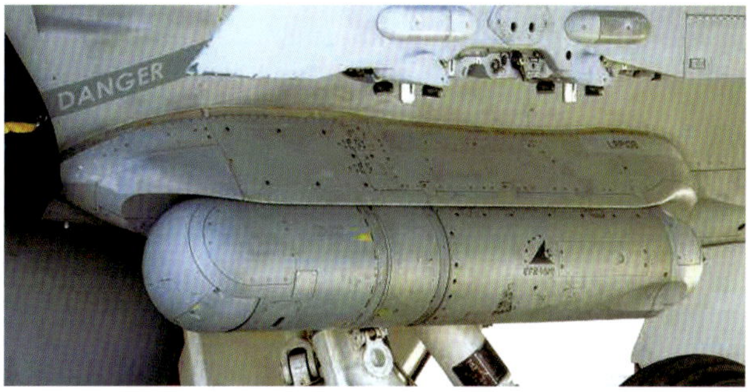

AN/ASQ-228（ATFLIR）瞄准吊舱。

机腹挂载 IRST-21 吊舱的 F/A-18F 舰载战斗机。

提高了 F/A-18E/F 战斗机的“先敌发现”能力和战场生存能力。

综合系统性能

F/A-18E/F 战斗机 Block Ⅱ 版本的综合系统非常优秀，能够对空中、地面和海上各类型目标进行探测跟踪和态势融合，生成详细的战场态势地图和目标任务列表。态势融合时，能够与航母编队预警机、宙斯盾驱逐舰进行信息共享，实时分发和处理海量情报数据。AN/ALR-67（V）3 雷达告警系统能够接收综合系统生成的威胁目标信息，并重点检测威胁方向的所有雷达信号。该系统工作频率为 0.5~20 吉赫兹，具备 360° 全向探测能力，能够在强电磁干扰下，分离出跳频或单脉冲等模式下的雷达威胁信号。AN/ALQ-126B 电子对抗系统在接收到雷达威胁信号后，可以对其主动实施电子干扰和欺骗。当发现导弹来袭时，AN/ALE-47 箔条 / 红外干扰弹发射系统可以根据飞机的高度、速度以及导弹末制导信号类型自动生成发射方案，包括

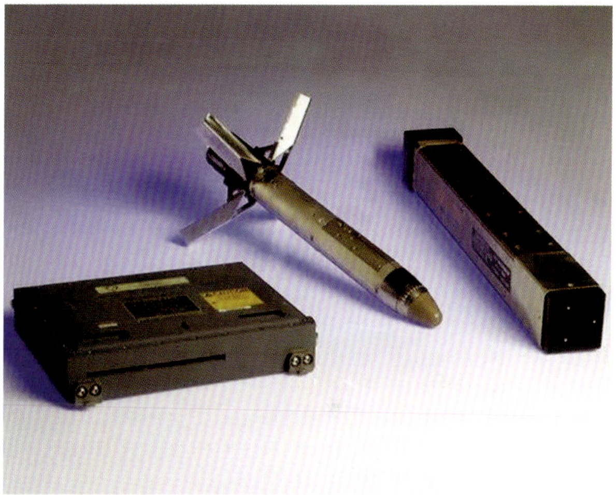

可重复使用的 AN/ALE-55 光纤拖曳诱饵系统。

F/A-18E 舰载战斗机正在发射红外 / 箔条干扰弹。

美国
F/A-18E/F 舰载战斗机

飞机几何数据	机长：	18.31 米
	机高：	4.88 米
	翼展：	13.62 米
	机翼面积（总）：	46.5 平方米
飞机重量	空机重：	14552 千克
	正常起飞重量（战斗配置）：	21320 千克
	最大起飞重量：	29937 千克
动力装置	发动机型号：	F414
	发动机数量：	2 台
	发动机类型：	加力涡轮风扇
	发动机推力（单台）：	62.3 千牛
	发动机最大推力（单台）：	97.9 千牛
	总压力比：	30 : 1
	长度：	3.912 米
	直径：	0.889 米
	重量：	1110 千克
	压缩机：	轴流 3 风扇 7 级压缩
	燃烧室：	环形
	发动机生产公司：	GE 通用

燃油及载荷	机内燃油（F/A-18F）：	6354 千克
	外挂副油箱：	7381 千克
飞机性能数据	最大平飞速度：	1900 千米 / 小时（1.8 马赫）（12190 米高度）
	实用升限：	15000 米
	航程：	2346 千米
	转场航程：	3330 千米
	作战半径：	722 千米
	爬升率：	228 米 / 秒
	机翼载荷：	459 千克 / 平方米
	推重比：	0.8
其他	首飞时间：	1995 年 12 月
	主要使用国：	美国
	主要制造商：	通用电气公司
	状态：	服役中
	单价：	5700 万美元

F/A-18E/F 舰载战斗机性能参数

209
FG
OMDF
F/A-18F
16588

发射时间、间隔、数量、弹药类型等。最新型的 AN/ALE-55 光纤拖曳诱饵系统还可释放一枚可重复使用的发射红外脉冲信号的诱饵弹，诱骗红外末制导导弹偏离攻击目标。F/A-18E/F 战斗机 Block Ⅱ版本还具备自动着舰辅助系统，可实现自动着舰功能，极大增强了拦阻着舰时的安全性。

武器装备

F/A-18E/F 舰载战斗机拥有优秀的武器挂载能力，可根据不同作战任务选择相应的武器挂载方案。该机有 11 个外挂点，主要机载武器包括：AIM-9 系列近程格斗导弹、AIM-120 系列中程空空导弹、AGM-84“鱼叉”系列反舰 / 对地导弹、AGM-154 巡航导弹、AGM-88“哈姆”反辐射导弹、AGM-158A 和 AGM-158B 联合空对地防区外导弹（JASSM）、GBU“宝石路”系列激光制导炸弹以及 JDAM 系列联合攻击弹药等。该机机鼻内侧还装备了一门 M61A2 型 6 管机炮，备弹 570 发。

F/A-18E/F 舰载战斗机的部分武器挂载方案

型　号	射　程	制导方式	最大挂载量
AIM-9 系列	18 千米	红外	4
AIM-120 系列	120 千米	主动雷达 /GPS/ 数据链 / 伙伴引导模式	12
AGM-84A 反舰导弹	120 千米	主动雷达	4
AGM-84H 对地导弹	280 千米	主动雷达 +GPS	4
AGM-154 巡航导弹	560 千米	惯导 + GPS	2
AGM-88“哈姆”	150 千米	被动雷达	6
AGM-158A（JASSM）	370 千米	惯导 + GPS+ 红外	2
AGM-158B（JASSM）	1000 千米	惯导 + GPS+ 数据链	2
JDAM 系列联合攻击弹药	/	GPS	4
“宝石路”系列激光制导炸弹	/	激光	4~12

（续）

具备强大挂载能力的 F/A-18E/F 舰载战斗机。

采用空优任务挂载方案的 F/A-18F Block Ⅱ舰载战斗机。

综合评价

F/A-18E/F 舰载战斗机凭借其全面均衡的多用途作战能力，成了美国海军航母编队的绝对主力战斗机，日常出动率能够达到 80% 左右，足以证明该机拥有合理的战术指标、值得信赖的稳定性能和高效费比的经济效益。虽然该机空战拦截能力较弱，但在融入美海军整个作战体系后，其作战半径远、战斗载荷大、信息化程度高等优势，可以在超视距作战中得到最大限度的发挥。F/A-18E/F 舰载战斗机凭借庞大的装备数量，成为美国海军航母编队全球化部署的一柄“利剑”和一面“盾牌”，注定成为世界上最经典的舰载战斗机之一。

象征美国海上霸权的 F/A-18E/F 舰载战斗机。

俄罗斯米格 -29K/KUB 舰载战斗机

20 世纪 90 年代末，印度海军力量的发展需求带给了米格 -29 家族新的机遇，被俄罗斯自己弃用的米格 -29K/KUB 舰载战斗机，一举成为印度海军的航母舰载机，其中 K 为单座版，KUB 为双座版。随着俄印两国对米格 -29K/KUB 舰载战斗机的不断升级，其综合作战性能达到了三代半多用途战斗机的标准，俄罗斯装备的苏 -33 舰载战斗机最终也被新型米格 -29K/KUB 舰载战斗机淘汰，上演了一场生动的“逆袭”之路。

机体设计

气动外形设计

新型米格 -29K/KUB 舰载战斗机在气动设计上沿用了米格 -29 家族的传统风格，采用梯形中置机翼、全动水平尾翼和双垂尾的常规设计方案。相比米格 -29 的其他机型，米格 -29K/KUB 战斗机加大了机翼和后缘襟翼面积，调整了机翼翼尖形状、增加了机翼折叠装

新型米格 -29K 舰载战斗机增大了机翼和后缘襟翼面积。

米格 -29K/KUB 舰载战斗机新增的边条涡流控制器。

俄罗斯米格 -29K/KUB 战斗机：是米高扬设计局在米格 -29 轻型前线战斗机基础上研制的舰载战斗机，北约组织给予的绰号是“支点”（Fulcrum）。

最新型的米格 -29K 舰载战斗机

新型米格 -29K/KUB 舰载战斗机三视图

置和升力部件，使机翼的升力进一步提升，便于在航母上起降。全动式水平尾翼的面积也同样增大，尾翼前缘后掠角 50°，襟翼设计为锯齿状，以提升大仰角飞行时的空气流动性，在做翻滚等动作时，两侧尾翼可以进行差动控制。双垂尾分别向机身外侧倾斜 6° 、前缘后掠角接近 48° 、操纵面上没有设计调整片。该机最明显的外形识别特征是在机翼前方的机身部位增加了边条涡流控制器，用于在航母起降时控制机体产生的涡流，从而提高纵向稳定性。

机体结构设计

米格 -29K/KUB 舰载战斗机的主要承重结构采用了铝合金和合金钢等材料，有很好的抗腐蚀性；平尾、垂尾和各处襟翼采用碳纤维复合材料或金属蜂窝状设计，以减轻机体重量。该机采用全新的数字电传飞控系统来代替早期的机械控制系统，提升了飞行安全性和操控灵敏性。新的机体结构设计使整机使用寿命增加到 40 年，机身寿命增加到 4000 小时。米格 -29K/KUB 战斗机为进一步减少停放空间，采用可折叠的机翼、机头雷达罩和着舰尾钩，起落架进行了加固设计，

米格 -29K 战斗机结构示意图。

还未涂装的新型米格 -29KUB 舰载战斗机。

挂载训练弹试飞中的米格 -29KUB 舰载战斗机。

以适应该机按最大挂载方案起飞和带弹降落的严苛需求。该机进气道分布于机身下方两侧位置，在进气口处设计了独具特色的防异物挡板；采用了最新的雷达吸波涂料，正面雷达散射截面积下降到约 2~3 平方米；外挂点数量增加到了 8 个。

航电架构设计

米格 -29K/KUB 舰载战斗机采用开放式航电架构设计思想，严格遵循 MIL-STD 1553B 数据总线标准，能够兼容俄罗斯国产或国外进口的各类航电设备与武器系统，整机的信息化和自动化程度大幅增强。该机主要航电系统的硬件设备布置在机身前部、驾驶座舱和前起落架舱后部的设备舱中，机身、机翼和垂尾等部位设有各类无线电通信、敌我识别及电子对抗等系统的传感器和天线。该机主要航电系统包括：KSU-9.41 四余度数字电传操纵系统、“甲虫 -AE”FGA-29 型多功能雷达系统、SUV-29M 型武器管理系统、PrNK-29K 导航 / 瞄准系统、I-219E 红外搜索与跟踪系统、法制

米格 -29K/KUB 舰载战斗机机翼折叠结构特写。

座舱右前方红色保护罩内即是 I-219E 红外搜索与跟踪系统。

Sigma-95 惯导系统、核心计算机系统、大气数据系统、多功能数据链系统、飞行状态监控系统、敌我识别系统、综合电子对抗系统、自动驾驶系统、座舱综合显控系统及其他辅助系统。

驾驶座舱设计

米格 -29K/KUB 舰载战斗机采用了比较独特的单、双座共用外形设计理念。单座版米格 -29K 战斗机的后座位置为一个整体式油箱，可存放约 630 升航空燃油，米格 -29K 比米格 -29KUB 战斗机的作战半径大 10% 左右。双座版米格 -29KUB 战斗机前后座舱没有采用传统的阶梯式布局，两个座舱高度基本一致，后座也具备较好的视野。座舱内部，米格 -29K 和米格 -29KUB 战斗机的飞行员座舱显控系统基本相同，均由 1 套平视广角显示器和 3 套并排的多功能下视显示器组成，采用人性化的“手不离杆”操控理念，还为飞行员配备了法国进口的头盔显示系统。米格 -29KUB 战斗机的系统操作员座舱由 4 套大尺寸多功能显示器和飞行控制系统组成，除了基本的教练功能外，还具备较强的预警指挥能力、武器控制能力和电子对抗能力。米格 -29K/KUB 舰载战斗机采用 K-36DM 零零弹射座椅，弹射角度 16° ，拥有世界一流的安全性能。

米格 -29K 舰载战斗机采用了法国的 TopSight-E 头盔显示系统。

新型米格 -29K 战斗机的飞行员座舱显示系统。

米格 -29KUB 战斗机前座飞行员装备了 TopSight-E 头盔显示系统。

性能特点

飞行性能

米格-29K/KUB舰载战斗机装备有2台RD-33MK型发动机，寿命为4000小时，正常推力49.9千牛，加力推力82.4千牛，可以保证米格-29K/KUB战斗机以最大起飞重量从航母滑跃起飞。该机由于机内载油量的增大和新型发动机油耗的降低，甩掉了“机场保卫者”的外号，最大航程达到世界主流水平，并具备空中伙伴加油能力，作战半径得到了极大提升。米格-29K/KUB战斗机采用数字电传飞控系统，提升了降落着舰时的稳定性和可操控性。该机同时继承了米格-29家族高敏捷性的优点，具有强大的近距格斗能力。

米格-29K/KUB舰载战斗机装备的RD-33MK发动机。

米格-29K舰载战斗机滑跃起飞。

机腹挂载伙伴加油吊舱且携带4个副油箱的米格-29K舰载战斗机。

印度海军的米格-29K舰载战斗机。

探测性能

米格-29K/KUB舰载战斗机装备有俄罗斯法扎特龙研究所设计的“甲虫-AE”FGA-29型相控阵雷达，对雷达散射截面积3平方米的空中目标探测距离约为130千米，对大型水面舰艇目标探测距离约为300千米，能够同时跟踪20个空中目标，并对其中4个进行攻击。该雷达探测范围为水平方向±85°，垂直方向±60°，可同时在上视和下视模式下进行多模式探测，具备电子抗干扰能力、地形跟踪能力、地图测绘能力以及一定的主动干扰压制能力，平均无故障工作时间200小时。该机机头搭载的I-219E红外搜索与跟踪系统，具备红外/激光/电视等多模式探测与跟踪能力。其中，红外探测距离35千米，电视探测距离10千米，激光测距最大距离8千米。在上述两套探测系统的帮助下，米格-29K/KUB舰载战斗机具备了较好的多任务作战能力。

航展中的“甲虫-AE”FGA-29型雷达。

米格-29K/KUB战斗机装备的“甲虫-AE”FGA-29型相控阵雷达。

综合系统性能

米格-29K/KUB舰载战斗机综合系统的信息处理能力很强，SUV-29M型武器管理系统能够在1.5秒内锁定被“甲虫-AE”FGA-29型雷达和I-219E红外搜索与跟踪系统发现的目标，还能够兼容俄罗斯与西方国家的各类对空、对海和对地武器。综合电子对抗系统装备了Gardeniya-1FUE系列的主动雷达干扰设备，能够对飞机后半球水平方向±60°、垂直方向±30°的区域进行高频噪声和低频多普勒干扰。BVP-60-26型干扰弹发射器位于机身后部，备有32枚箔条/红外干扰弹，有一定的被动防御能力。新型自动驾驶系统具有“一键改平”功能，可以防止飞机偏航、翻滚和俯仰，在飞机超过限制过载时能够自动干预，当有撞地坠海危险时可以自动爬升，极大保障了飞行的稳定性和安全性。米格-29KUB双座版本具备更加强大的情报管理、态势共享和数据链通信能力，可以作为小型预警机使用，能够同时指挥3架米格-29K战斗机执行作战任务。

印度米格 -29K/KUB 战斗机的加油管特写。

米格 -29K 舰载战斗机带弹复飞训练。

俄罗斯
米格 -29K/KUB 舰载战斗机

飞机几何数据	机长：	17.37 米
	机高：	4.73 米
	翼展：	11.4 米
	机翼面积（总）：	38.0 平方米
飞机重量	空机重：	11000 千克
	最大起飞重量：	20000 千克
动力装置	发动机型号：	RD-33
	发动机数量：	2 台
	发动机加力推力：	2×82.4 千牛
	发动机类型：	加力涡扇发动机

飞机性能数据	最大飞行速度：	2.3 马赫
	实用升限：	18013 米
	航程：	2100 千米
	作战半径：	约 600 千米
	爬升率：	330 米 / 秒
	翼载荷：	403 千克 / 平方米
	推重比：	0.83

米格 -29K/KUB 舰载战斗机性能参数

米格-29KUB战斗机还可挂载侦察吊舱，用以执行海上侦察和监视任务，使海上作战模式更加多样化。

武器装备

米格-29K/KUB舰载战斗机在装备新型发动机后，最大战斗载荷提升了近1吨，可挂载更多的对空、对地、对海武器装备，主要包括R-73和R-60系列近程空空导弹、R-27和R-77系列中程空空导弹、Kh-29空地导弹、Kh-31和Kh-35系列反舰导弹、KAB-500Kr电视制导炸弹、FAB系列航空炸弹、B-8M1/B-13L火箭发射器以及KMGU-1子母弹发射器等，具备较好的多用途作战能力。该机在左侧机翼前缘还装备有1门TKB-687型30毫米口径机炮，备弹100发。

米格-29K/KUB舰载战斗机的部分武器挂载方案

型　号	射　程	制导方式	最大挂载量
R-73系列近程空空导弹	30千米	红外	8
R-60系列近程空空导弹	300米至5千米	红外	8
R-27系列中程空空导弹	130千米	红外/雷达	4
R-77系列中程空空导弹	100千米	主动雷达	4
Kh-29系列空地导弹	10千米	电视+激光	4
Kh-31系列反舰导弹	140千米	主动雷达/被动辐射	2
Kh-35系列反舰导弹	130千米	惯导+主动雷达	2
KAB-500Kr电视制导炸弹	/	电视	4
FAB系列航空炸弹	/	/	4~8
B-8M1/B-13L	10千米	激光	4
KMGU-1	/	/	4

米格-29K/KUB舰载战斗机武器挂载展示。

米格-29K/KUB舰载战斗机反舰挂载方案。

综合评价

米格-29K/KUB舰载战斗机是专门用于滑跃式航母的一款中型战斗机，只有印度和俄罗斯两个国家装备了这款小众机型，相比弹射起飞的F-35C、F/A-18E/F、“阵风”M等舰载战斗机，该机的综合作战性能没有优势，只是单纯解决了第三代舰载战斗机的有无问题。由于米格-29K/KUB舰载战斗机是从陆基战斗机改进而

俄罗斯“库兹涅佐夫”号航母的苏 -33 与米格 -29KUB 舰载战斗机。

来的，存在一些先天的设计缺陷，机体结构、航电系统、发动机等部位往往会在频繁的起降过程中受损。据印度报道，该机发动机在远远没有达到设计寿命的情况下就已经报废了近 50 台，这也成为印度开始采购法国“阵风”战斗机，并将希望寄托于“阵风”M 和国产 LCA 舰载战斗机的主要原因。

第四章 CHAPTER 4

战斗机在现代战争中的常用战术

作战行动中的单机基本战术

超视距空战战术

超视距空战俗称“看不见就打”的空战，指在双方飞行员目视范围之外，针对本机机载探测系统搜索跟踪到的或友军提供指示导引的空中目标，利用中/远距空空导弹发起攻击的空战模式。空空导弹分类中，一般将射程在 10 千米以内的称为近距格斗导弹，射程在 10~100 千米的称为中距空空导弹，射程在 100 千米以上的称为远距空空导弹。在海湾战争中，第一次出现了中距空空导弹击落飞机数超过近距格斗导弹击落飞机数的情况，标志着超视距空战时代的到来。

作战原则

超视距空战是“进攻为主、防御为辅”的一种主动进攻战术，战斗机在综合火控系统、机载武器和外

F-22A 战斗机发射 AIM-120 中程空空导弹。

部情报源的支持下，可以实施近乎 360° 全方位、全高度的超视距攻击，从而将空中拦截线向敌方一侧推进，保证本方空域内各类目标的安全。该战术的基本作战原则是“先敌发现、先敌打击、首攻奏效、机动防御”。组织超视距空战的关键是要进行目标敌我识别和目标分配确认，在本方预警探测力量指挥引导和电子战力量支援掩护下，掌握机载雷达开机时机和中/远距空空导弹的发射时机，通过通信数据链实时共享战场态势，利用战斗机的先进性能实施主动进攻。

超视距空战的主要特点包括 6 个方面：

① **攻击范围广。**目前的中/远程空对空导弹一般均具备全天候、全高度、全方位的攻击能力，部分先进型号还具有“发射后不用管”的能力，这使战斗机的攻击范围随着机载雷达探测距离和导弹射程的增加而急速扩展，甚至可以实现无禁区、无死角攻击，但同时也增大了误击的可能性。

② **安全性较高。**由于战斗机一般在本方雷达探测区内或敌方预警探测区外发起超视距作战，因此可以对周边战场态势和空情掌握得比较全面，在发起超视距攻击时，自身安全性能够得到基本保证，被敌方先手攻击的可能性较小。

③ **隐蔽性较强。**当超视距空战的作战对象被空中预警机或地面预警探测体系发现和跟踪时，战斗机初期可凭借本方情报支援和目标引导进行主动接敌机动，隐蔽性较强，能够尽可能保证攻击发起的突然性，

从而提高导弹的命中概率。

④ **强调迎头攻击。**在超视距空战中，为了有效缩短攻击前战斗机火控系统和导弹的准备时间，达成“先敌打击”的要求，强调优先采用战斗机机头正对敌方目标的迎头攻击战术。

⑤ **强调首发命中。**在双方都处于超声速飞行的情况下，发起超视距攻击的机会可能只有1~2次。因此，该战术强调战斗机在发起攻击时要能够同时攻击敌方多个目标，或对一个目标进行连续饱和攻击，从而提高命中概率。后续随着双方距离的急速拉近或拉远，将失去超视距空战的先决条件。

⑥ **战术动作要求低。**战斗机在进行超视距空战时，对机动性要求不高，战术动作的转换节奏较慢。由于机载综合火控系统和中/远距空空导弹性能的显著增强，跟踪锁定目标和装定诸元等准备时间缩短，对战斗机发射前飞行姿态的要求也就相对减少了。

作战流程

超视距空战按时间先后顺序可分为战术巡航、接敌占位、搜索跟踪、识别决策、发射制导、退出评估、准备二次超视距攻击或转入近距空战7个作战步骤。

战术巡航阶段

根据敌方空中目标的大致方位、距离、速度和航向，按照指挥中心要求，提前起飞进入空中待战区。在巡航待命的过程中，战斗机应始终保持对敌方威胁方位的关注，并完成综合火控系统和导弹武器的各项准备。由于距离较远，战斗机自主获取的目标信号并不精确，甚至无法稳定跟踪，因此，战斗机需要等待合适的时机转入下一个作战步骤。若采用超视距引导攻击方式且战斗机的空中待战区处于本方雷达控制范围内的安全空域，则战斗机可以采取静默飞行模式，避免过早暴露，后续行动由指挥中心负责指挥控制。结束战术巡航转入下一个作战步骤的时机，需要根据敌我战斗机的作战性能和战场态势等因素综合决定。

接敌占位阶段

当决定发起攻击时，需要根据战场实时态势规划接敌占位航线。战斗机沿接敌占位航线飞行时，应保持较快速度迅速占领攻击阵位，并尽可能隐蔽攻击企图。飞行员需要不断评估敌机攻击我机的可能性，时刻关注机载雷达系统、告警系统、电子战系统和敌我识别系统等信息，以防遭到敌方目标先手攻击或其他潜在目标的突然攻击。接敌占位过程中可以视情况进行电子战掩护或由其他兵力进行佯动，如实时战场态势发生不利变化，可放弃攻击或转入防御。

搜索跟踪阶段

战斗机在接敌占位的过程中，机载雷达系统捕获敌方目标后，随着精度不断提高，会由搜索状态转入跟踪状态。跟踪稳定后，利用综合火控系统获得目标特征、方位角、高度、距离、接近速度和航迹预测值等，通过通信数据链与本方预警机或指挥中心提供的战场态势信息进行对比，同时保持对空域内其他目标的搜索跟踪。搜索跟踪阶段需要确保战斗机与本方指挥网络的实时通信与信息共享，确保能够对作战态势精确掌握。如实时战场态势发生不利变化，可放弃攻击或转入防御。

识别决策阶段

战斗机综合火控系统在扫描跟踪的过程中，敌我识别器将按确定顺序向空域内各个目标发出识别信号，并对所有应答结果进行处理，将识别结果告知飞行员。飞行员需要根据识别结果与上级分发的空情态势，做出战术决策并上报。在多机编队的情况下，战斗机编队可采用合作或非合作式目标识别策略对空域内的所有敌方目标进行模式识别，区分目标的种类、属性和威胁程度等，以便飞行员对多个敌方目标进行威胁判断、目标分配及确定攻击顺序。敌我识别分为程序识别、技术识别和目视识别 3 类，程序识别需要预先严格规定本方所有参战兵力的活动区域、时间、航线、高度等要素，技术识别则是依靠敌我识别器和数据链等技术手段进行目标属性判别。超视距空战中的敌我识别主要依靠程序识别和技术识别，识别结果不明则严禁发起攻击。

发射制导阶段

战斗机在明确 1 个或多个打击目标后，将目标纳入中 / 远距空空导弹的发射包线，根据目标的位置、速度、高度和航向等实时信息，通过综合火控系统自动装定中 / 远程空空导弹的发射诸元，选择导弹的制导模式，选定发射点，准备进行超视距攻击。抵达发射点后，发射导弹，并根据导弹发射后的制导要求决定是立即转入下一阶段，还是保持对目标的指示引导。在这个阶段，飞行员应努力争取“先敌打击”的条件，面对敌机随时可能进行先手攻击的情况，飞行员需要实时根据战场态势和敌机性能，自主决定是继续攻击还是转入防御。在对多个目标同时攻击时，要再次确认目标分配和攻击顺序是否合理，避免遗漏敌方威胁目标或者重复打击同一个目标。

退出评估阶段

战斗机在完成中 / 远程空空导弹发射或导弹引导过程后，可以根据任务完成情况选择转向退出作战空域，在做好防御准备的同时，观察评估打击效果，为后续行动提供决策依据。

准备二次超视距攻击或转入近距空战阶段

若第一次超视距打击效果不理想或本次作战任务没有完成，则战斗机需要根据不同的任务类型、实时态势和备弹情况等，综合决定是否发动第二次超视距攻击，当作战态势极为不利时，可以放弃攻击行动并退出作战空域。需要强调的是，战斗机能否展开第二次超视距攻击，不是完全由自己决定的。若一方战斗机选择超声速脱离，则空战基本宣告结束；若双方战斗机均决心再战，则双方将进入第二次超视距空战或迅速转入近距空战阶段。

在整个超视距作战流程中，不同作战阶段的衔接非常紧凑，各阶段之间的界线比较模糊，部分操作步骤可以在相邻阶段内同步进行。各国关于超视距空战的作战条令和作战流程不尽相同，上述作战流程仅供参考。

组织实施

战斗机在不同作战任务和战场环境下，组织对不同类型敌方空中目标进行超视距攻击时，可以选择最合适的超视距进攻战术，在转入对来袭中 / 远程空空导弹的防御时，也应遵循相应的防御战术。信息化战争中，战斗机在无指挥引导下，依靠本机机载系统进行超视距空战的可能性极低。下面，就战斗机在有指挥引导下进行超视距空战进攻和防御的战术做简要介绍。

迎头接敌进攻战术

作战对象：敌方战斗机、战术侦察机、预警机、轰炸机及其他机种。

前提条件：本方战斗机机载雷达探测距离和中/远程空空导弹射程均等于或高于敌方，即本方处在均势或优势条件下。

实施要点：敌方目标应处于本方战斗机水平方向±25° 以内，避免因本机改变航向等原因导致敌方目标短时间内偏出本机雷达探测范围，影响目标探测和稳定跟踪。攻击低空目标时，一般采取低空接敌，攻击前爬升至高于目标1000~3000米的攻击策略。攻击高空目标时，一般采取低于目标2000~4000米高度发起攻击的策略。战斗机使用的空空导弹若是“发射后不用管”类型，则发射导弹后同时减速，进行大过载、大坡度转向脱离；否则，战斗机在发射导弹后开始减速，并保持对目标的跟踪探测，引导导弹飞向目标，待导弹末制导头开机后，做“U”型回转或大坡度转向退出。

斜向迂回进攻战术

作战对象：敌方战斗机。

前提条件：本方战斗机机载雷达探测距离和中/远程空空导弹射程均低于敌方，即本方处在劣势条件下。

迎头接敌战术示意图。

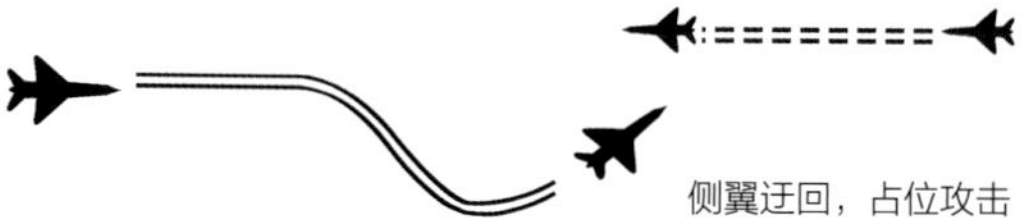

斜向迂回战术示意图。

实施要点：接敌阶段，将敌方目标处于本方战斗机水平方向±25° 以内。当双方运动到距敌方导弹最远射程外的适当距离后，引导战斗机进行大弧度水平转弯，并与目标航向形成交叉，使敌机雷达难以捕获。待运动到敌机雷达探测区外侧时再转向切入，同时雷达开机捕获目标，待参数稳定后发射导弹，然后立即半滚倒转或大坡度转弯退出。由于本方战斗机斜对目标高速运动，因此，雷达开机探测时可能无法捕获目标，且敌方目标相对本机存在较大的旋转角速度，会致使导弹命中率明显下降。若超视距攻击未命中目标，也可以考虑加速前冲，以大范围超声速蛇形机动方式抵近对方，寻求二次打击或近距空战机会。

隐蔽接敌进攻战术

作战对象：敌方战斗机、战术侦察机、预警机、轰炸机及其他机种。

前提条件：本方战斗机具备优秀的隐身性能和超声速巡航能力，即第四代战斗机可以采用。

实施要点：利用本方战斗机隐身性能好的特点，在指挥引导下，寻找敌方地面预警探测体系的盲点，在敌防守薄弱时，超低空突破对空探测圈外围，隐蔽接近目标所在空域，在进入导弹射程后，立刻爬升到有利高度对目标发动迎头突袭，随即转向退出。在敌方有预警机升空值班的情况下，选择空中预警机的多普勒信号盲区，利用其下视探测能力相对较弱的特点，抓住其改变航向的时机，在外围本方电子战飞机掩护下实现低空隐蔽接敌。

摆脱锁定防御战术

现代战斗机普遍装备脉冲多普勒雷达或有源相控阵雷达，随着雷达性能的不断提升，想要摆脱敌方战斗机机载雷达的跟踪锁定已比较困难。若是面对脉冲多普勒雷达，可以尝试利用多普勒雷达工作原理进行超声速蛇形机动，通过速度和角度的变化实现对雷达的欺骗干扰。若是面对有源相控阵雷达，则较难摆脱跟踪，可尝试采用 90° 侧转机动、机尾正对敌机远离机动以及电子干扰等方式。

规避导弹防御战术

当战斗机雷达告警系统发现来袭导弹信号后，应立即综合运用电子干扰、红外诱饵和紧急机动等方式规避来袭导弹。对于半主动制导方式的导弹，应重点规避敌机机载雷达的锁定，以降低敌机引导能力。对于主动制导方式的导弹，应在释放干扰的同时做大过载机动动作，力争飞出导弹攻击的侧边界或摆脱主动制导头开机后的搜索扇面，必要时，可以在导弹来袭方向高速侧转，从而增大目标线角速度，迫使导弹增加过载，扩大主动制导头的动态误差，使其命中精度下降。

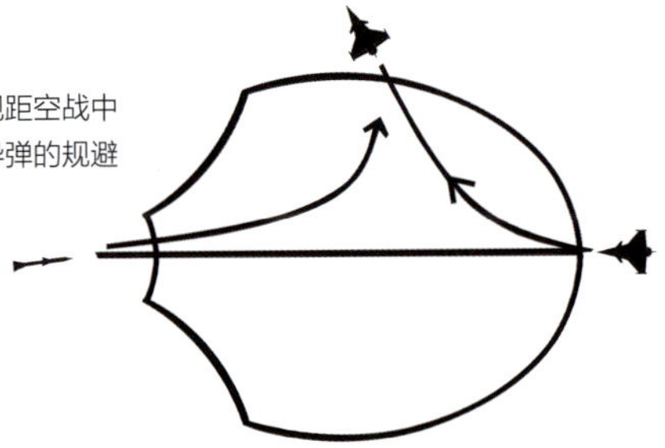

对导弹的规避图

规避导弹防御战术。

武器使用方案

在超视距空战中，针对敌方预警机、轰炸机、战斗机等不同目标进行导弹攻击时所使用的攻击方案均有所区别，一般情况下是对每一个目标发射 1 枚中/远程导弹，但考虑到不同导弹的可靠性、稳定性和命中率不同，以及稍纵即逝的战机，有些情况下需要采取饱和攻击或连续攻击的方式，对同一目标发射多枚导弹。

近距空战战术

在近年的几场局部战争中，由于参战双方作战实力相差悬殊，战场信息“单向透明”，近距空战几乎没有机会发生，因此出现了近距空战是否即将退出历史舞台的争论。从辩证的角度看，虽然超视距空战的重要性随着信息技术的发展日渐凸显，但近距空战仍是未来不可避免的重要作战样式，特别是当参战双方在制信息权上处于均势地位时，战场信息“双向透明”，双方战斗机的指挥通信、雷达探测和敌我识别等装备有极大可能遭到强大的电子压制、通信干扰和网络攻击，使其作战性能大幅下降甚至无法工作。当超视距空战无法达成作战效果甚至无法组织实施时，是选择立即退出战斗，还是选择“短兵相接”+“空中群殴”的近距空战，就完全取决于双方指挥员的作战决心和飞行员的战斗意志了。

近距空战想象图。

作战原则

作为战斗机诞生以来就存在的空战样式，近距空战的战术已经非常成熟，制空战斗机就是按照近距空战需求而研发的终极格斗兵器。随着信息技术和武器装备的不断发展，近距空战已不局限于视野范围内的空中格斗，其概念和范围均有了进一步发展，可以细分为亚声速近距空战和过失速近距格斗。在不同气象和光照条件下，5~8 千米一般是飞行员可以目视发现敌机的最大距离，而新型近程空空导弹的最远攻击范围已达到 10~15 千米，因此，一般将双方战斗机相距 8~15 千米以内进行的战斗称为近距空战。

近距空战的基本作战原则是“攻防一体、机动灵活、扬长避短、力争先手”。在进入近距空战后，由于现代近程空空导弹性能的不断提高，双方可能出现“同归于尽”或“不死不休”的情况。因此在近距空战中，飞行员需要不断通过机动动作，主动谋求先手攻击权，并做好攻防状态实时切换的应对准备。先退出空战一方将面临另一方的巨大威胁，需要抓住时机，配合大过载机动和电子战手段方可实施。

近距空战的主要特点包括以下 4 个方面：

① **攻防转换快。**战斗机进入近距空战后，会降低速度以增强机动性。由于距离近，机动性强，攻防角色的转换会非常快。双方飞行员的任何一个合理决策或错误动作都可能导致优劣势互换，特别是如果被对方提前预判出自己的下一步行动，将导致严重后果。

② **危险系数高。**随着双方战斗机距离接近，一方机载雷达或后向目标探测器一旦锁定目标发射导弹，留给对方的反应时间很短，需要立即做出机动规避和电子对抗动作，因此危险系数高。随着导弹技术的不断进步，未来近距空战的危险系数将会越来越高。

③ **机动性要求高。**近距空战对战斗机机动性能要求很高，需要做出各种亚声速、甚至过失速机动动作来占领发射阵位或摆脱跟踪锁定。近距空战已不再局限于尾后攻击方式，需要根据战斗机的综合火控系统与近程空空导弹使用要求，在保证自己不被敌方击落的前提下，为在最短时间内达成导弹发射条件而进行大过载机动。

④ **对导弹要求高。**现代近程空对空导弹一般均具备离轴发射或越肩发射的全向攻击能力，末制导头性能出色且弹体机动性极高，再加上现代头盔瞄准具的帮助，使导弹成为近距空战胜负的关键。近年的空战模拟和演习反复证明，在装备同一代近程导弹的情况下，不同型号战斗机机体性能上的先进性无法对应换来近距空战中的优势，各型战斗机被导弹击落的概率基本相同。

作战流程

近距空战是一个快速变化的作战过程，按距离远近可细分为中近程转换阶段和近距格斗阶段。中近程转换阶段一般在 8~15 千米，近距格斗阶段一般在 8 千米以内。在中近程转换阶段，除战斗机要抛弃外挂油箱，降速至 1 倍声速或亚声速以外，战斗机的作战流程与超视距攻击流程类似。近距格斗阶段则主要包括机动占位、锁定目标、发射制导和机动防御 4 个作战步骤。

机动占位阶段

机动占位阶段是近距格斗中最重要的环节。飞机需根据敌方战斗机的相对位置和本机近程导弹特点进行各种亚声速大过载机动，力争占领发射阵位，确保达成导弹发射条件。在躲避敌方战斗机火控雷达锁定的情况下，应尽可能保持飞机较大的角速度和一定的飞行高度。

锁定目标阶段

指根据近距空空导弹性能和实时战场态势，由机载雷达、后向目标探测器或数字头盔锁定敌方目标的阶段。目前，近距空空导弹一般为红外成像导引头或复合制导导引头，主要区别在于是否具有离轴发射能力，部分先进型号甚至允许飞行员选择敌机的座舱、机体或发动机等具体部位进行瞄准攻击。

发射制导阶段

为把握稍纵即逝的战机，一旦综合火控系统提示飞行员目标锁定完成后，应立即发射近距空空导弹。根据实兵演习和实战经验，部分国家战斗机在对目标发射导弹前，会主动释放红外干扰弹，以防遭到其他作战平台锁定。

机动防御阶段

机动防御与机动占位是贯穿整个近距空战全过程的两个同步环节。机动防御主要依靠亚声速下持续的大过载、大转角、变速变高等机动方式规避敌方战斗机锁定，力争化被动为主动。在敌方战斗机发射导弹后，综合采取光电对抗和大过载机动的方式规避导弹，必要时进行过失速机动或超低空飞行。

组织实施

近距空战的主要作战对象是敌方战斗机，爆发近距空战的前提条件是双方战斗机都有继续战斗的意愿，且均装备近程空空导弹。在这种情况下，可按照进攻战术和防御战术两类来进行简要介绍。需要指出的是，在近距空战中，战斗机对敌方导弹防御的成功率不高，主动进攻并避免对方发射导弹就是最好的防御策略。

不可离轴发射导弹的进攻战术

指当战斗机处于尾追状态时，飞行员按一定的机动方式保持占位优势，并在战斗机到达射击位置、满足射击条件时，对机头指向的敌方目标进行攻击的进攻战术。常用的攻击方式包括纯追踪、前置跟踪、纯碰撞和前置碰撞等。目前，这类近距空空导弹已很难适应现代空战的要求。

可离轴发射导弹的进攻战术

具有离轴发射能力的导弹，其离轴角一般在 ±90° 以内，即这类导弹能攻击位于战斗机前半球的目标。战斗机不需要采取尾追方式锁定目标，只需要将机头在一定误差内对准敌机直至锁定，即可具备发射条件。为了使目标处于机头前半球区域内，同样需要通过连

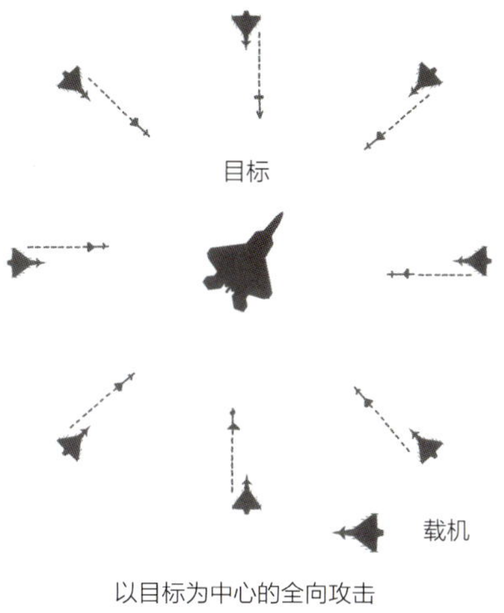

离轴发射导弹从目标各方向攻击示意图。

续的机动占位来实现。

此外，为达到占位发射的条件，还需要采取亚声速机动和过失速机动。其中，亚声速机动是指战斗机根据双方态势，长时间保持最大的转弯速率和加速，从而获得占位机会和锁定时间。过失速机动是指战斗机在主动“失速”条件下仍能保持机动作战能力，并能将战斗机的能量优势立即转变为位置优势，使战斗机能快速将机头指向目标，从而获得更多的导弹发射机会。典型的过失速机动动作包括“眼镜蛇机动”“大迎角机头转向”“J-急转机动”“榔头机动”“钟摆机动”“大迎角下滑倒转机动”以及“库尔彼特筋斗”等。

“眼镜蛇机动”示意图。

以“眼镜蛇机动”为例，战斗机在不同态势下需要采取不同的机动战术才能抢得先机。

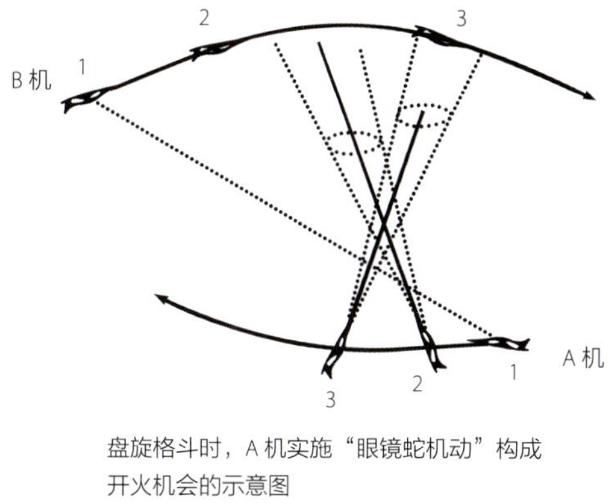

“眼镜蛇机动”在盘旋格斗时的应用示意图。

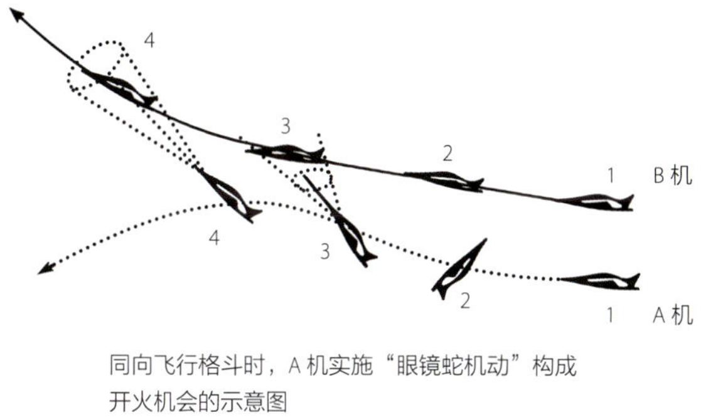

“眼镜蛇机动”在同向飞行时的应用示意图。

需要强调的是，诸如“眼镜蛇机动”这样的过失速机动具有明显的战术意义，在过失速机动过程中，战斗机能够快速进入有利位置，获得先手攻击权，其机头指向的敌方目标难以通过瞬时机动摆脱火控系统的锁定范围。但是，过失速机动使用时机必须要严格把握、慎重实施，若距离敌机较远或被敌机识破企图，则可能因为“失速”状态而面临巨大威胁。此外，过失速机动不适合多机编队作战。

可越肩发射导弹的进攻战术

此类导弹近距空战中不但能攻击机头前半球目标，还能攻击机尾后半球的目标，真正做到了 360° 全向攻击。因此，战斗机无须进行过多的占位机动，飞行员可以在攻击目标的同时，专注于对敌方来袭导弹的防御。

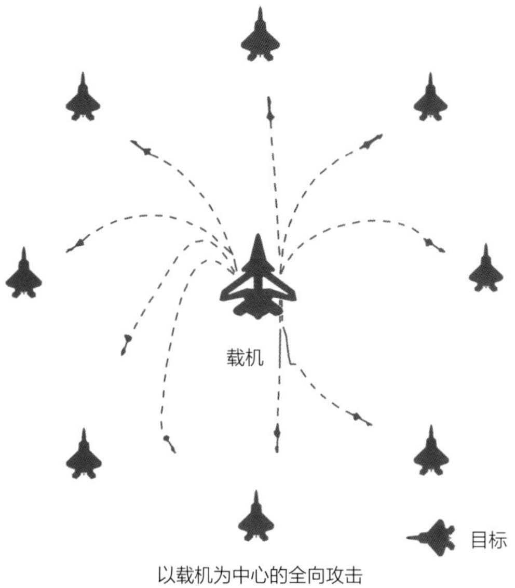

越肩发射导弹的全向攻击示意图。

过失速机动防御战术

以“眼镜蛇机动”为例，各类过失速机动在摆脱敌机机载火控系统或导弹末制导引头跟踪时，配合光电对抗手段，能够达成一定防御效果。

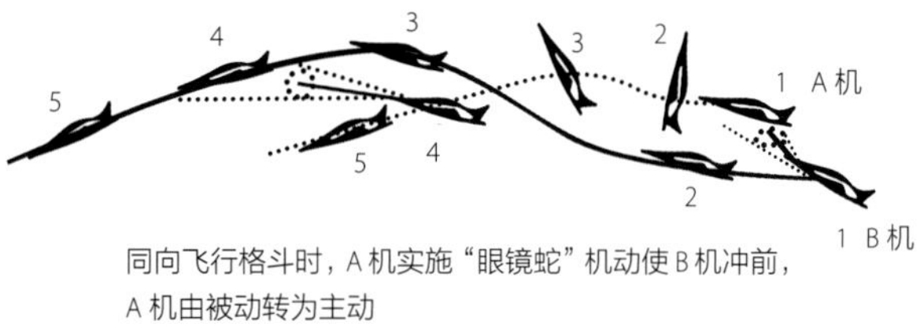

“眼镜蛇机动”在防御行动时的应用示意。

常规机动防御战术

比较常见的机动防御战术包括逃逸战术、侧向正切战术和迎头偏移战术等，在进行这些机动战术时，均应配合电子对抗措施同步实施。

逃逸战术，即最大限度地增大双方战斗机距离以摆脱敌方攻击。一般具有较高飞行速度的战斗机在决定退出空战时会采用该战术，通常需进行超低空飞行。

侧向正切战术，即从侧翼高速正向切入敌方战斗机前半球的瞄准禁区，使其无法机动占位和发射导弹。

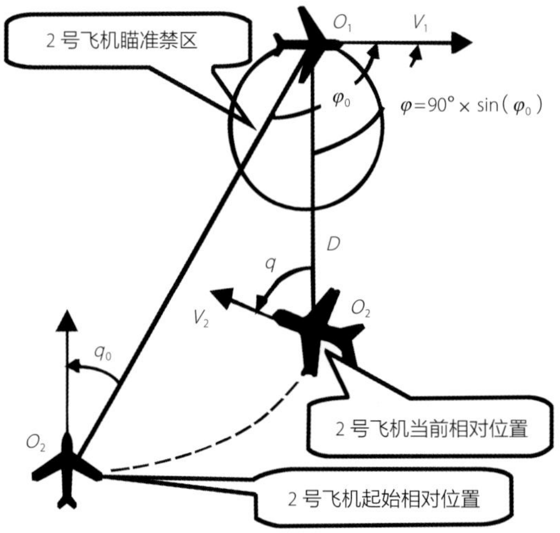

1 号机侧向正切战术示意图。

迎头偏移战术，即当双方迎头对冲时，在保持敌机位于本机机头前半区的情况下，进行高速外侧曲线机动，使敌机火控系统跟踪不稳定，无法达成导弹发射条件。

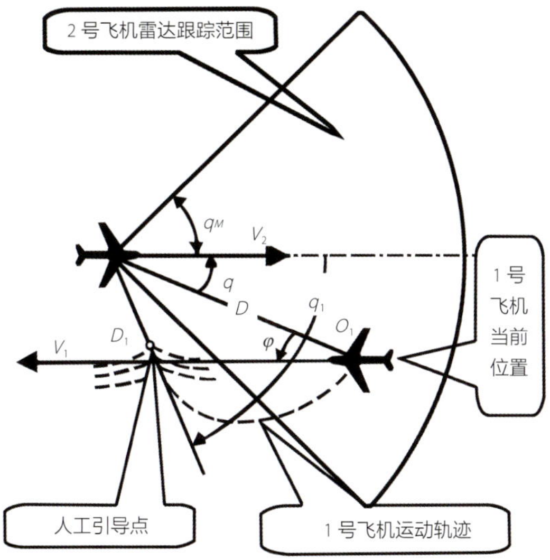

1 号机迎头偏移战术示意图。

对地打击战术

对地打击是指从空中对敌方地面有生力量、重要军事设施和其他具有作战价值的目标进行打击，是夺取空中优势、支援地面作战以及削弱敌方战争潜力的一种攻击方式。执行对地攻击任务的战斗机与战术轰炸机相比，在载弹量上远不如战术轰炸机，并在执行对地攻击时，战斗机一般会携带一定数量的空空导弹确保自卫反击能力。因此，两者在对地打击效能、作战半径和经济性上区别比较明显。战斗机对地打击一般采取精确的点对点攻击，但随着对地攻击无人机的应用和发展，未来利用战斗机进行对地攻击行动的比例将会逐步降低。

以色列 F-16I 战斗机发射“暴怒”超声速空对地导弹。

作战原则

现役多用途战斗机均具备对地打击能力，对地打击的基本作战原则是“隐蔽突防、灵活应变、尽远攻击、快速撤收”。在确保达成预期攻击效果的基础上，应最大限度压缩参战空中兵力规模，并保证投放空对地武器战斗机的安全，力争以最小代价换取对敌方目标最大限度地杀伤。

对地打击的主要特点包括以下 4 个方面：

① 武器配置多样。根据作战任务的不同，战斗机对地打击的目标类型多样。固定军事目标主要有指挥所、雷达站、通信节点、道路枢纽、机场、桥梁、港口和发电设施等；移动军事目标主要有敌方地面装甲集群、野战防空武器、野战炮兵阵地或远程导弹发射车等。根据打击目标类型的不同，可供战斗机挂载的武器类型、武器搭配方案都很多，主要包括各类火箭弹、航空炸弹和空对地导弹。

② 航线规划复杂。在发起对地打击前，规划战斗机飞行航线是最为重要的一环，特别是当战斗机在执行低空突防任务，需要深入敌方纵深，攻击指定的地面目标时，敌方地面往往部署有固定雷达、机动雷达、野战防空武器系统甚至单兵便携式防空武器等诸多防

空力量，即使本方已经获得空中优势，执行此类任务的危险性仍然较大。因此，为了顺利完成任务，低空突防航线的选择至关重要，加之地面起伏不平，比海上超低空突防更为困难。

③ 命中精度较高。现代的空对地导弹和精确制导炸弹本身具有较高的精度，加之战斗机采用的是低空对地打击方式，一旦突防成功，则远程攻击的命中率基本能够得到保证。特别是战斗机在执行近距火力支援任务时，由于有地面部队的目标指示和激光引导，命中率更高。

④ 适合编队行动。由于单架战斗机携带的弹药较少，且存在被击落的概率，从而导致对地打击任务无法完成。因此，在实际突防作战中，一般会采取编队作战方式，既可分配多架战斗机对同一目标进行饱和打击，又可混编电子战飞机和制空战斗机进行支援掩护。在对空威胁较小的情况下，如战争已进入地面扫荡作战时，才会由单架战斗机进行近距火力支援等对地打击任务。

作战流程

对地打击按时间先后顺序，可分为组织筹划、隐蔽突防、对地攻击、效果评估、补充打击和退出返航6个作战步骤。

组织筹划阶段

该阶段需要综合考虑目标性质、打击任务要求、武器挂载方案、进出航线规划、气象情况、作战时间、突防成功率和发现目标概率等。根据挂载武器的不同，战斗机使用的攻击战术和实施细节会略有差异。

隐蔽突防阶段

指战斗机根据预先规划好的突防航线，采取低空方式进行隐蔽突防。航线设计上应尽可能规避地面和空中威胁，根据地形起伏和战场态势决定飞机在不同航段的高度和速度，及需要重点警戒的威胁方向。突防行动一旦过早暴露，则视情况选择继续执行原定任务或者退出战斗空域。由于突防过程中可能面临各种计划外的突发情况，战斗机飞行员需要做好各种应急举措，准备好各种应对预案。

对地攻击阶段

战斗机成功突防后，进入攻击航线，通过机载综合火控系统或实时战场态势定位等手段，搜索并确认地面目标，满足武器使用条件则迅速发动打击。需要指出的是，火箭弹、精确制导炸弹和空对地导弹等不同机载武器的对地攻击方法均不相同，需要在组织实施时加以区分。

效果评估阶段

战斗机完成攻击动作后，转向进入退出航线，在做好准备防御地面、空中威胁的同时，需要观察评估打击效果，为后续行动提供决策依据。

补充打击阶段

若没有命中目标或没有达成预期的打击效果，则飞行员视战斗机的弹药情况自主决定是否发动补充打击。

退出返航阶段

若目标已被摧毁，则沿预先规划好的退出航线进行低空隐蔽返航或爬升高度开加力返航。

组织实施

战斗机在不同作战任务和战场环境下，组织对不同类型敌方空中目标进行超视距攻击时，可以选择最合适的超视距进攻战术。在转入对来袭中 / 远程空空导弹防御的时候，也应遵循相应的防御战术。信息化战争中，战斗机在无指挥引导下，依靠本机机载系统进行超视距空战的可能性极低。战斗机对地打击作为联合作战行动的一环，存在着多种支援、掩护和导引样式，作战目标和任务要求各异，对地打击战术可按低空隐蔽突防进攻战术和近距空中火力支援战术进行分类介绍。

低空隐蔽突防进攻战术

作战时间：一般选在夜间或凌晨等低可见光的时段。

作战对象：敌方雷达站、指挥所、通信枢纽、防空阵地、机场等固定军事目标。

前提条件：经过前期侦察，目标位置点、识别特征以及周边区域的防空兵力部署等必要情报均已基本掌握。

实施要点：规划突防路径时，应保证飞机能够在规定时间段内到达预定空域，并最大限度保证突防过程的隐蔽安全。当临时出现新的威胁或遭遇恶劣气象条件时，应有备用路线或能实时重新规划路线。对地打击时，若使用火箭弹，则战斗机需要机头正对目标发起俯冲，在确定的最大安全距离外开火，然后拉起退出；若使用精确制导炸弹，则战斗机需要在攻击前爬升至安全高度，然后对目标实施凌空投射；若使用空对地导弹，则战斗机需要火控雷达锁定目标并由飞行员确认后，再从安全距离外发射导弹。部分最先进的机载远程巡航导弹可根据预先设定的目标点精确坐标，在较远距离发射，然后通过卫星中继制导和导弹航路规划，最终命中目标。退出返航时，战斗机应严格按照预先规划的返航路线撤出战区，在遭遇地面和空中雷达照射或导弹末制导信号告警时，应立即进行防御机动。

近距空中火力支援战术

作战时间：配合地面部队作战所需的任意时刻。

作战对象：敌方坦克、装甲车辆、火炮、步兵等机动目标及碉堡、建筑物等固定军事目标。

前提条件：本方地面部队中配有空中支援协调人员，且对空通信保持畅通。

实施要点：在已夺取空中优势的情况下，才可执行近距空中火力支援任务。战斗机进入战区和退出返航的要求与低空隐蔽突防进攻战术中的要求相同。在对地支援前,战斗机应在指定空域待机,等待地面引导。地面部队通常会使用激光或烟雾进行目标指示，必要时,需要战斗机在指定区域内自主搜索目标进行打击。在对地支援时，战斗机应主动抛洒红外干扰弹，避免在投射武器时因无法做大过载机动，遭到敌方地面防空火力偷袭。

对海打击战术

在第二次世界大战后，随着舰载雷达和防空导弹的出现，战斗机对海打击战术基本以超低空突防战术为主且经久不衰。直到俄罗斯不按套路出牌的“匕首”高超声速反舰导弹问世，才使得战斗机高空高速远距离攻击战术得以问世。

超低空突防战术在海上比陆地更为适宜，主要是海面上除岛屿外，障碍物较少，战斗机能够用更高的速度、更低的高度进行掠海飞行，从而尽可能在不被敌方舰艇雷达发现的情况下，突入己方空对舰导弹的有效射程范围，达成对目标的打击。未来在没有出现革命性技术的情况下，战斗机对水面舰艇的主流作战方式，仍将是集中优势力量对目标实施超低空突防及多方向饱和攻击战术。

F-35C 舰载战斗机发射 LRASM 远程反舰导弹想象图。

作战原则

随着现代空对舰导弹射程的不断提升，战斗机在达成超声速突防目的后，一般紧接着将会进行超视距打击行动。因此，对海打击的基本作战原则是“隐蔽突防、多方协同、尽远攻击、一击即撤”。

对海打击的主要特点包括以下 4 个方面：

① 武器配置单一。现代战斗机不管是岸基多用途战斗机，还是舰载固定翼战斗机，对海作战武器主要为空对舰导弹，各国一般只装备 1~2 款现役型号。空对舰导弹除在射程、精度等方面存在差异，一般均采用惯导和主动雷达制导，且由于空对舰导弹重量较大，各型战斗机挂载数量较少，因此，在战斗机的作战使用上采取的战法基本相同。

② 追踪目标困难。由于海上区域广阔，目标机动性强，特别是大型航母编队，更是具有海上局部空域的空中优势。因此在战斗机对海作战中，掌握海上目标的实时位置会相对困难，目标情报可能不断变化并存在时间滞后性，需要根据各方面因素综合推算目标下一步的行动企图和可能位置，从而决定后续作战行动。

③ 进攻主动性强。随着空对舰导弹飞行速度、飞行高度、有效射程、机动性、抗干扰能力以及命中率等性能的不断提升，战斗机对海攻击时的主动性不断增强，在敌水面舰艇编队防空区外进行超视距攻击具有很高的安全系数。特别是当敌方没有派出战斗机前出拦截或哨舰突前警戒的情况下，战斗机突袭水面舰艇具有压倒性优势。

④ 适合编队行动。由于单架战斗机携带的弹药较少，并存在被击落的概率，导致对海打击任务无法完成，因此，在实际超低空突防作战中，一般会采取编队作战方式，从多个方向对海上目标进行突击。一方面扩大其防御面积、分散其防空火力，另一方面确保达成复杂电磁环境对抗条件下的预期毁伤效果。一般来说，战斗机进行对海突击后会立即转向退出，毁伤效果评估和补充打击行动将由本方其他兵力负责实施。

作战流程

对海打击是一个相对漫长但异常激烈的作战过程，由于双方距离较远，战斗机突防和导弹飞行的时间都相对较长，容易暴露并遭到敌方拦截。此外，由于作战舰艇或编队防空能力较强，敌方舰艇编队采取的反击行动和层层抗击行动将非常坚决。对海打击按时间先后顺序一般可分为超低空突防、战术引导、发射制导、退出返航 4 个作战步骤。

超低空突防阶段

当确定目标概略位置后，战斗机将按照规划的航线进行低空机动，在抵达航线突击起始点后，开始降高度进行超低空掠海飞行，飞行高度越低则突防概率越高，但安全性也就越低，需要根据战斗机性能和飞行员水平进行综合考虑。随着现代战斗机地形跟随回避系统的发展进步，战斗机可以在海面上保持的飞行高度一般为 20~50 米。较低的飞行高度有利于战斗机利用地球曲率造成的雷达盲区，极大缩短战斗机被水面舰艇发现的距离，使水面舰艇面对突袭时没有足够反应时间。

战术引导阶段

在战斗机进行超低空突防过程中，敌方海上目标位置或战场态势可能已经变化，因此需要根据其他确切情报源的综合分析，实时引导战斗机调整航线，尽可能避开敌方哨舰的舰载雷达搜索或战斗机的前出拦截。在战术引导阶段，战斗机需要根据对目标动态的掌握情况，选择不同的超视距攻击方式，包括定点射击、概略射击、盲目射击和中继制导射击等。不同的攻击方式，决定了战斗机在组织实施机动占位和导弹发射时，存在一定差异。

发射制导阶段

战斗机进入发射阵位前，应在最短时间内完成空对舰导弹的攻击准备，按照选择的超视距攻击方式进行雷达开机搜索、识别、锁定目标，或直接装定射击诸元，及时发射导弹。空对舰导弹一般都是按照惯性制导或卫星制导的方式飞行，在中继制导攻击方式下，战斗机飞行员可以实时引导和修正导弹导引头的开机点，提升命中率。导弹末制导头开机后，可搜索、截获和攻击敌舰。战斗机应在避免进入敌方水面舰艇舰空导弹有效射程的情况下实施攻击和引导，若因空对舰导弹射程等原因不得不进入时，应做好对导弹防御的相关准备。

退出返航阶段

导弹发射或导引结束后，战斗机应以最短回转半径转向脱离舰艇火力范围，沿预先规划好的退出航线高速返航，时刻做好防御敌其他空中兵力截击的准备。

组织实施

根据不同条件下，不同的海上目标类型，战斗机对海打击命中概率有明显差异，主要影响因素包括有 / 无目标指示、目标发现概率、导引误差、导弹命中率、目标有 / 无进行软硬武器抗击等。下面将按照超低空突防进攻战术和高空高速远程进攻战术两类做简要介绍。

超低空突防进攻战术

作战对象：敌方战斗舰船、辅助舰船、民用船舶等各类大中型水面舰船。

前提条件：海上水文气象条件适宜战斗机进行超低空飞行，且目标在战斗机攻击半径内。

实施要点：在多种超视距导弹攻击方式中，定点射击是对预判目标的坐标点进行射击，导弹射程越远、敌方目标速度越大，导弹命中概率越低，但优点是反应迅速，有利于抢占先手，是现代海战中的主要战斗方式之一。概略射击是根据目标的方位或概略距离进行导弹射击，主要适用于战场信息不占优势的一方使用，能够保证一定的隐蔽性，但对导弹本身性能要求高，命中概率较低。盲目射击是当完全处于信息劣势情况下，根据敌方活动规律、战场环境和其他情报综合分析判断目标可能的位置点，利用航路规划方式和导弹自身搜索能力进行打击，缺点是命中概率低且没有目标敌我识别过程，容易造成对第三方目标的误击。中继制导射击是由战斗机或其他平台对导弹进行中继控制，根据目标机动情况实时修正导弹航路，可最大限度利用导弹的最大射程，且命中概率高，但要求掌握战场信息优势，且中继平台能够进行实时目标跟踪和导弹引导控制。在选择使用哪种超视距攻击方式及从哪个方位对目标发动攻击时，应主要考虑以下三个方面：一是导弹末制导雷达开机时应处于捕捉目标的有利位置；二是导弹能在最短时间内，以尽可能高的概率准确捕捉预定目标；三是某些远程反舰导弹在采用中继制导发射方式时，需要确定导弹与导引战斗机之间的斜距、角度及角速度等限制条件。在选定攻击目标后，需要研究分析目标的对空防御杀伤边界，以提醒战斗机飞行员在突防和攻击过程中尽可能避免越过。

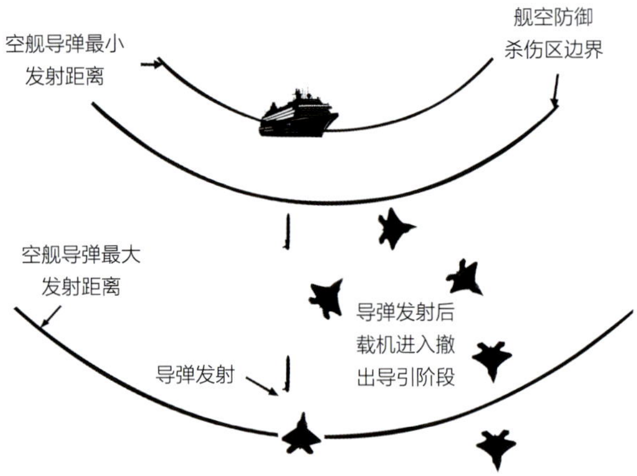

超低空突防进攻战术示意图。

高空高速远程进攻战术

作战对象：敌方航空母舰、两栖攻击舰等大型水面战斗舰船。

前提条件：俄罗斯米格 -31 战斗机挂载“匕首”高超声速反舰弹道导弹，且敌方大型水面舰船编队进入了岸基部署的米格 -31 战斗机打击范围。

实施要点：作为俄罗斯的撒手锏装备，这种进攻战术世界其他国家一时难以模仿，且实战效果还有待检验。米格 -31 战斗机为满足发射条件，需要利用自己高空高速截击机的特点，将导弹带到战斗机的最大实用升限，并以最大平飞速度进行发射，为导弹提供

俄罗斯米格 -31 战斗机挂载“匕首”高超声速反舰导弹。

足够的初始高度和速度。发射导弹时一般采取定点射击方式，导弹离开战斗机一定距离后启动发动机，迅速向上爬升并飞向目标区域，当导引头开机锁定目标后，以10马赫左右的高攻角方式对目标进行俯冲攻击。这种进攻方式完全在敌方水面编队防空圈外进行，战斗机没有任何风险，虽然单枚命中率不高，但是敌方目标几乎无法进行有效拦截和防御。

空中编队的协同战术

战斗机空中编队及空中协同战术的选择对空战胜负起着至关重要的作用。现代战斗机执行作战任务一般以编队形式展开，常见编队样式包括同型号战斗机组成的双机/四机编队，不同型号战斗机组成的混合编队，战斗机与战术轰炸机/电子战飞机组成的混合编队，以及战斗机与运输机/预警机/战略轰炸机等组成的护航编队等。除编队协同外，战斗机在作战过程中也需要与其他机种进行作战协同，如预警机为战斗机提供空中警戒和目标引导，电子战飞机为战斗机开辟“空中电磁走廊”等。

多机编队协同

多机编队协同战术通常以双机或四机编组为“基本作战单元”，在此基础上，根据任务的不同，增加轰炸机、预警机、电子战飞机等其他机种，形成大规模混合编队。因此，多机编队队形主要是在同类战斗机的基本队形上进行演变。目前，战斗机编队的基本队形包括双机跟进队形、双机攻击队形、长机跟随队形、僚机右翼队形、僚机左翼队形、双机橄榄队形、三机防御支援队形、四机楔形队形、四机横队队形、四机纵队队形以及四机疏开队形等。

楔形队形是四机编队中的常用队形，特点为在保证一定机动力的同时，获取最大限度探测和警戒的能力；横队队形是防御一方常采取的队形，在编队机动性受限的情况下，力求最合理的互相掩护；纵队队形拥有最好的机动性，一般适用于接敌和突防过程；疏开队形是在机动能力、掩护能力和警戒能力之间取得较合理的平衡。每种队形均需根据战斗机性能、敌方目标特点、飞行阶段划分等因素具体规范队形中的飞机间距、飞行高度差等要求，并须根据实时战场态势不断调整变化。

在确定基本队形的基础上，编队内战斗机之间的协同战术才能得以贯彻和执行，主要战术类型包括接敌战术、迂回战术、攻击战术等。各种战术的实施，需要根据敌我双方战斗机的作战能力进行计算和选择，合理的队形和灵活的战术能够有效弥补战斗机单机性能上的弱点和不足，提升编队的整体作战能力。

现代空战不是单一兵器的对抗，而是“体系对抗”和“信息制胜”。编队战术作为战斗机空战的一个重要方面，协同要求日益严格，编队的整体作战效能是重中之重。而第四代隐身战斗机的出现，使现代空战更加突出小形编队攻击效能。各国战斗机在实战中往往采取高低搭配的混编队形，处于空中优势的一方，一般以第四代隐身战机为核心，搭配第三代战机，在强调隐身能力的同时，争取更强的进攻火力密度，并

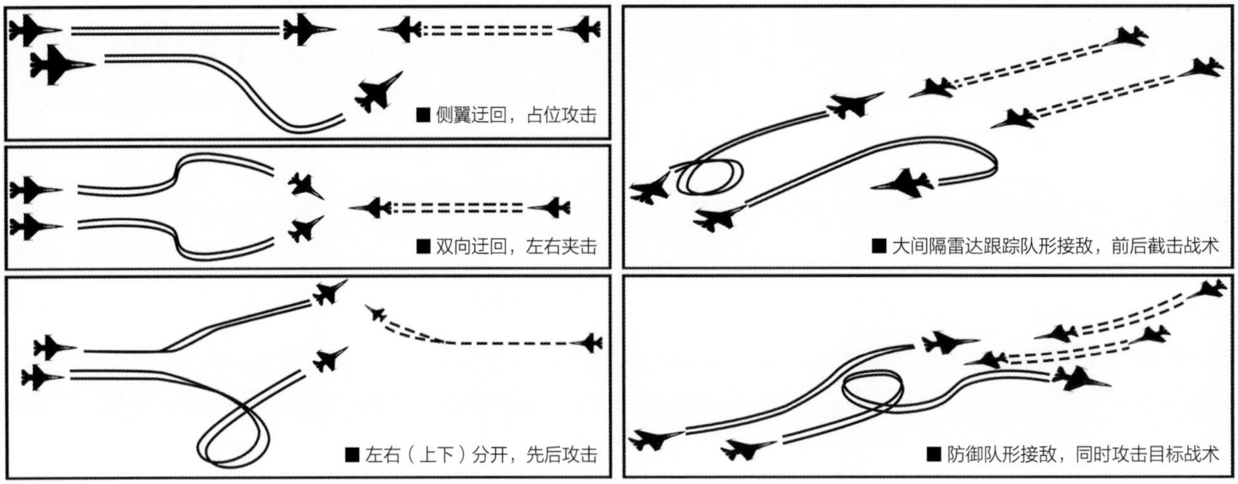

编队基本战术

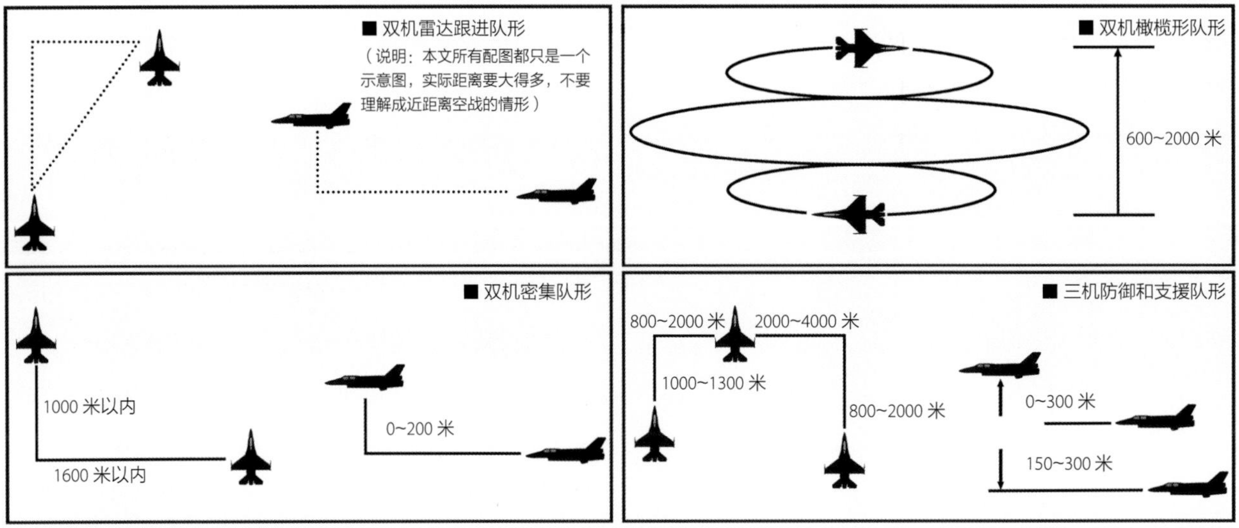

编队基本队形

确保隐身战斗机的安全；处于空中劣势的一方，也会采取高低搭配的混编队形，主要是由探测能力较强的战斗机搭配性能一般的战斗机从不同方向接敌，进行超视距空战，力争以数量优势弥补质量上的劣势。

预警机协同

预警机作为现代信息化战争的“力量倍增器”，在现代空战中发挥着重要的作用。战斗机与预警机的协同是预警机多种典型作战应用中最主要的一种协同方式。在作战使用范围上，又可分为海基协同和陆基协同两类。

陆基协同是指大型预警机由陆上机场起飞，一般活动在本方领空内或本方掌握制空权的领海外侧区域内，主要参与防御作战行动，与战斗机的协同内容相对单一，主要为战斗机提供空中威胁目标的预警、识别和引导，预警机与战斗机之间要求保证通信顺畅，对于编队队形和协同时机等要求比较灵活多样。

海基协同则相对复杂，是指舰载预警机从航母上起飞，在临近敌方的中立海空域或本方航母编队防空火力范围内活动，主要参与进攻与防御双重任务。在进攻作战中，与战斗机的协同相对复杂，对空中编队活动范围和协同时机均有较高要求，主要为战斗机提供规划突击航路所需的空中情报、空中威胁等级评估、空中威胁目标分配与目标指示、协同战斗机进行超视距攻击和导弹中继制导等。

澳大利亚空军预警机与战斗机混合编队。

由于预警机是现代空战中的首要目标，因此在所有作战使用中，战斗机均需时刻保持对本方预警机的掩护。在进行编队协同作战时，应始终确保敌方战斗机突破本方预警机发现近界线后，本方战斗机能够及时赶到进行掩护和截击，并使预警机避开敌方火力范围。在进行空中阵位配置时，还应综合考虑实战情况下复杂的战场环境、敌方电子干扰以及本方兵力协同等诸多因素。

电子战飞机协同

进攻作战行动中，战斗机需要与专用的电子战飞机进行协同作战，才能取得较好的突袭效果。

电子战飞机与战斗机的协同主要有近距伴随干扰和远距压制干扰。近距伴随干扰是指与本方战斗机进行混合编队，伴随战斗机向目标区域接敌机动，主要干扰敌方目标指示和武器制导雷达，掩护战斗机编队安全突防到攻击阵位先敌投射武器，第一波攻击武器通常包括各类反辐射导弹。远距压制干扰是指由专用电子战飞机组成数个独立的电子干扰编队，在远离战区的安全空域，从多个方向对目标区域施放电子干扰，形成宽正面、全频段、多方式的高功率压制干扰，主

美国海军 F/A-18F 战斗机与 EA-18G 电子战飞机混合编队。

要干扰敌方预警探测和目标指示雷达等设备，掩护战斗机编队发起突袭或进行其他作战行动。

组织远距压制干扰时，对于战斗机编队和战术没有具体要求，只需在作战时间和干扰方位上达成协同即可。组织近距伴随干扰时，由于采取混合编队共同突防，混合编队的队形和战术需要综合敌方威胁方向和本方干扰范围来共同确定。通过对编队飞行区域内敌方雷达和信息系统的压制，形成一条所谓的“空中电磁走廊”，使本方战斗机能够隐蔽接敌，避免遭到敌方雷达锁定和防空导弹打击。

在平时战备期间的主要职能

和平时期，现代战斗机除参与日常训练、演习、航展等活动外，还会执行空中护航、战备巡逻、跟踪监视、战术侦察等任务，是各国维护领空主权、彰显邦交礼仪、进行军事威慑、增进交流互信的重要平台。

空中护航

最早的战斗机护航行动是在二战时期，为了确保

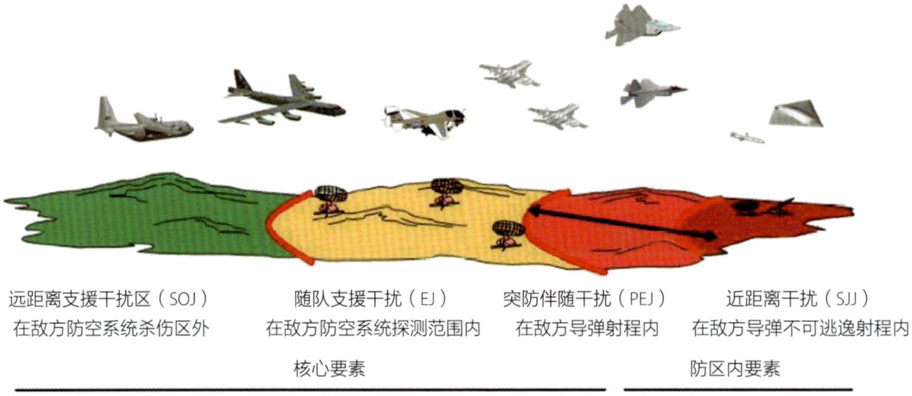

美军传统电子进攻体系要素的空域分布示意图

轰炸机能够执行轰炸任务及安全返航而组织的一项军事任务。后期，随着现代空战的不断演变，战斗机伴随护航在实战中的作用日益弱化，更多情况下会采取远程截击或区域控制的方式护卫本方重要空中目标。因此，战斗机护航在和平时期逐步演变为国际交往间的一种礼仪，护航任务一般从目标飞机进入本国领空开始。战斗机在护航过程中，既可警告驱离试图靠近的各类飞行器，又可引导目标飞机飞向目的地。

战备巡逻

战备巡逻任务属于日常军事训练的一个环节，同时由于其飞行区域往往比较敏感，有时也隐含了宣誓主权、显示存在、实施威慑的意味。一方组织的战备巡逻一般会引起另一方的反应，如派出战斗机进行跟踪监视或外交抗议等。

在组织战斗机战备巡逻时，通常需要考虑战斗机的作战半径来进行航线设计。航线一般沿默认的空域中间线、防空识别区或争议地区进行规划，战斗机需要挂载武器，以显示威胁。战斗机在巡逻过程中一般不会做大幅度的战术机动动作，且必须严格按照航线飞行，严格遵守国际空域飞行的通用规则，以免因越界或误判而发生意料之外的摩擦。

跟踪监视

战斗机执行跟踪监视任务是与战备巡逻相对应的一项被动举措，主要对象是别国接近本国领空或争议地区的各类军用飞机。跟踪监视任务通常由担负本国当面空域战备值班的战斗机执行。当地面雷达站跟踪别国抵近军用飞机的动向，并判定其将进入本国警戒区的意图后，立即引导值班战斗机带弹起飞，至指定相遇点进行跟踪监视。必要时，对不断进逼和挑衅的空中目标进行语音喊话、战术外逼、火控雷达照射，甚至听令发起攻击。

北约与俄罗斯战斗机在波罗的海上空对峙。

俄罗斯战斗机跟踪监视美国战略轰炸机。

战术侦察

战斗机在和平时期也可以执行战术侦察任务，单纯的侦察机正在逐步被挂载机载战术侦察吊舱或加装相关系统的战斗机所替代。虽然随着无人机技术的发展和应用，一线战术侦察任务正逐渐被效费比更合理的无人侦察机替代，但战斗机的战术侦察能力仍在飞速发展中，集光电、红外、合成孔径雷达等技术于一体的机载战术侦察系统将成为主流，防区外侦察能力将成为未来发展方向。

挂载战术侦察吊舱的瑞典 JAS-39 战斗机。

第五章 CHAPTER 5

战斗机的作战与应用案例剖析

历史经典战例回顾

问世初期的战斗机战例

随着战斗机的出现，空战日趋频繁和激烈，“王牌飞行员”的称号自此诞生。最著名的当属有“红男爵”之称的德国飞行员曼弗雷德·冯·里希特霍芬，他于1918年4月21日在索姆河上空阵亡，年仅25岁。这位传奇人物先后驾驶信天翁D.Ⅲ和福克Dr.Ⅰ两型战斗机共取得击落80架敌机的辉煌战绩，是整个一战中最具影响力的空中英雄。由于其驾驶全身涂满火红色的福克Dr.Ⅰ三翼战斗机横扫整个西部战场，使得“红男爵”的绰号在参战双方部队里广为流传。

1917年8月末，第一批两架福克Dr.Ⅰ三翼战斗机被送往前线接受实战测试。9月1日，曼弗雷德就亲自驾驶一架福克Dr.Ⅰ三翼战斗机取得了该型机的第一个战果。该机凭借灵活的爬升性能和极小的转弯半径，成为空中近距离格斗的霸主，在其短暂的服役期内，为德国赢得了明显的空中优势，对协约国空军造成了重创，一度成为协约国飞行员的噩梦。

“红男爵”驾驶的福克Dr.Ⅰ三翼战斗机登上电影荧幕。

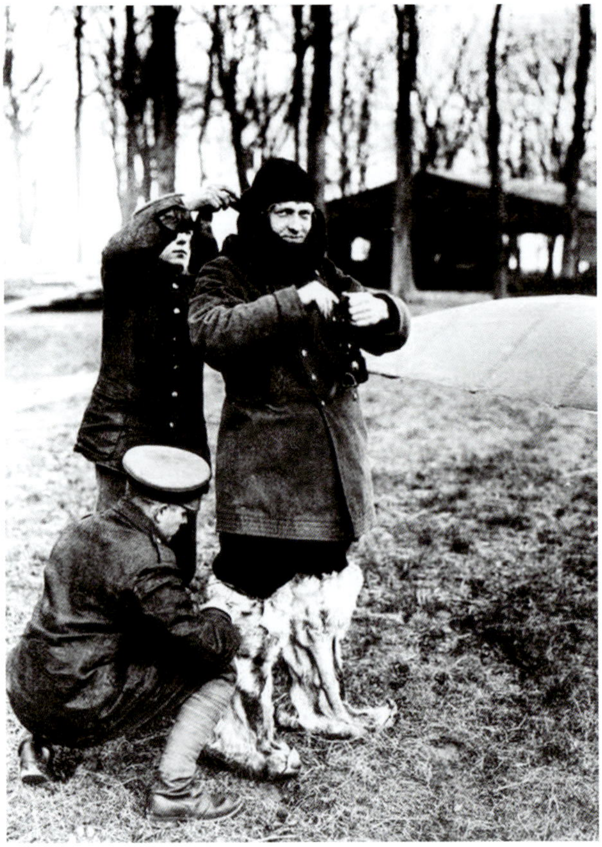

曼弗雷德·冯·里希特霍芬。

分析点评：战斗机问世初期，由于技术和装备上的局限性，人的因素占比很大，需要飞行员兼顾搜索目标、操控飞机、瞄准射击、防备偷袭等所有环节，

“红男爵”早期大部分战果均由信天翁 D.Ⅲ双翼战斗机完成。

精力分散、犹豫迟疑、忙中出错、甚至视力欠佳等因素，都可能造成致命的后果。曼弗雷德同样没有逃脱这个命运，最终在追击一架敌机时因过于专注，被另一架敌机从后突袭导致身亡。

二战中的战斗机战例

第二次世界大战是战斗机飞速发展的关键时期，这一时期空战的作战规模、飞机密度、惨烈程度等均是史无前例的。

不列颠空战是 1940 年至 1941 年间德国对英国发动的大规模空战，亦是二战中规模最大、持续时间最长的空战。战争以德国失败而告终，迫使德国不得不放弃入侵英国的“海狮计划”，转而开辟东线战场，准备入侵苏联。不列颠空战是历史上首次纯粹的空中战争，双方空军隔着英吉利海峡进行了激烈的攻防作战，证明了制空权在现代战争中的重要地位以及对战役进程的巨大影响。

在这场空战中，双方投入的著名战斗机主要有英国的“飓风”战斗机、“喷火”战斗机和德国的 Bf-109 战斗机、Bf-110 战斗机。双方战斗机围绕轰炸机编队展开护航与截击战斗，前期以德国轰炸机群空袭英国本土目标为主，后期英国轰炸机也开始对德国前线机场和后方城市等目标发起零星反击。德国空军在进攻期间，平均每日出动飞机 1000 架次左右，在 1940 年 8 月 15 日甚至出动了 2000 架次以上的飞机参加作战。英国则以逸待劳，通过提升单架战斗机的出动频率进行抵抗。双方 500 架次以上的大机群空战，每隔一段时间就会发生一次，战斗异常惨烈。

不列颠空战。

英国“喷火”战斗机编队。

二战时期的英国雷达站。

分析点评：空战方式始终是由双方战斗机性能决定的，只有充分发挥自身优势，全力克制敌方特长，才能达到最优的作战效能。需要指出的是，以轰炸机为骨干的大机群对决与战斗机小编队格斗之间存在明显区别，会极大限制战斗机飞行员的个人作用，以往积累的空中格斗经验没有太大借鉴意义。当作战空域内存在极高的飞机密度和火力密度时，空战往往会演变成“绞肉机”一般的空中混战，任何王牌飞行员都随时可能面对突然出现的背后一击。除了战斗机性能、空战指导思想和飞行员素质等差异外，英国首次投入实战的雷达系统也是功不可没，基本掌握了德国空军的一举一动，使德国的任何偷袭和夜袭都变成了泡影。雷达的出现，极大改变了二战空中力量对比的计算方式，再次证明了创新军事技术能够为战争形态带来革命性影响。

中东战争中的战斗机战例

以色列与阿拉伯国家先后在中东地区进行了五次战争，其中最著名的空战是第五次中东战争中的贝卡谷地空战。1982 年 6 月 6 日，以色列以驻英国大使遇刺为借口，突然入侵黎巴嫩。此后，叙利亚军队立即进入战备状态，特别是部署在黎巴嫩贝卡谷地的叙利亚驻军，更是处于 24 小时高度戒备状态。6 月 9 日，蓄谋已久的以色列空军对贝卡谷地内的叙利亚萨姆 -6 防空导弹阵地发起突袭。首先，以军依靠无人机前出侦察，引诱叙利亚防空雷达开机暴露位置并发射防空导弹。然后，以军利用空对地反辐射导弹和短程地对地导弹对叙利亚防空雷达发起毁灭性打击，将叙利亚苦心经营 10 年，耗资 20 亿美元打造的 19 个萨姆 -6 导弹连全部摧毁。以色列奇袭贝卡谷地后，叙利亚连续多次派出战斗机编队发起反扑，并重新部署了 7 个萨姆 -6 导弹连，但均遭到以色列战斗机的毁灭性打击。战至 6 月 13 日，以色列空军的进攻编队再次摧毁了叙利亚 3 个萨姆 -9 导弹连和 6 个萨姆 -8 导弹连，使叙利亚彻底失去了战斗意志。

在这场短短几日的空战中，双方投入的著名战斗机主要包括以色列的 F-15、F-16 战斗机和叙利亚的米格 -21、米格 -23 战斗机。空战中，以色列将 F-15 战斗机、

以色列 F-15 战斗机机群。

F-16 战斗机、E-2C 预警机和波音 -707 改装的电子战飞机进行混合编队，保持空中巡逻待战状态。当叙利亚战斗机滑跑起飞时，第一时间就会被以色列预警机发现。预警机在稳定跟踪和识别目标后，会实时将叙利亚战斗机编队的航迹、类型、数量和运动要素等情报推送给混合编队内其他飞机。当叙利亚战斗机编队进入贝卡谷地作战空域时，以色列电子战飞机开始对其释放定向强电磁干扰，致使叙方战斗机机载雷达、半自动引导装置和无线电通信设备等相继失效或无法正常工作。随后，以色列战斗机在电子战飞机掩护和预警机引导下，从最有利方向接敌占位，凭借先进的红外制导格斗导弹，对叙方战斗机展开绞杀。

以色列 F-16 战斗机机群。

叙利亚空军米格 -23 战斗机。

经过各方档案比对，战果统计是以色列以 10 架战斗机的代价击落了叙利亚 60 架战斗机。

分析点评：黎巴嫩贝卡谷地的这场空战是一场极具代表性的划时代空战，一面倒的战况使世人为之惊叹。西方战斗机的技术优势更加明显，混合编队的强大作战效能得到了实战检验。贝卡谷地空战标志着现代空战进入了高科技时代，制电磁权成为争夺制空权的前提条件之一，多机种编队制胜的空战理念开始得到各国空军的高度重视。这次空战也证明了一个战争真理：现代战争中，没有任何一款武器装备能够单独决定战争的胜负。

海湾战争中的战斗机战例

1991 年的海湾战争是美国在越南战争之后进行的一场大规模局部战争，其中最著名的是“沙漠风暴”空袭行动。在该行动中，美国联合 33 个国家组成多国部队，集结了 9 艘航空母舰和 1700 多架各型飞机，凭借巨大的空中优势迅速击垮了号称中东最强的伊拉克军队，令全世界为之震惊。在连续 37 天的空袭作战过程中，多国部队共计出动 10 万架次飞机参加对地进攻，以摧枯拉朽之势横扫全套苏制装备的伊拉克陆、海、空三军。整个海湾战争中，多国部队以损失 49 架飞机、20 余辆装甲车和伤亡 800 余人的极小代价，取得了决定性胜利。伊拉克军队损失飞机 300 余架、坦克 3700 余辆、装甲车 1400 余辆、大炮 2900 余门、作战舰艇 60 余艘，伤亡 10 万余人，被俘 8 万余人，直接经济损失达 2000 亿美元。

海湾战争正值苏联国内动荡、濒临解体的前夕，

美国空军 F-15 战斗机机群。

美国海军 F-18 舰载战斗机机群。

伊拉克被迫掩埋的米格 -25 战斗机。

伊拉克空军的米格 -29 战斗机。

名存实亡的苏联已无力为伊拉克提供帮助和支援。美军主导的这场大规模高技术战争，以惊人的战损比成了终结冷战的一记重拳，对冷战后期的国际秩序、军事战略和军队建设等方面产生了深远影响，奠定了美国一超独霸的基本格局。

分析点评：“沙漠风暴”行动再一次证明了杜黑制空权理论，即“制空权对战争胜负具有决定性意义，是赢得战争的必要和充分条件”。技术决定战术，美军通过这次空中行动，将高科技武器装备带来的全新使用方式，充分融入空战战术思想和组织实施过程中，将信息优势、电磁优势、精确打击能力及指挥控制能力等，作为夺取制空权的关键要素，并进一步加以突出。伊拉克方面没有意识到，在信息化时代体系作战优势能够带来的“质变”。

战斗机的轶事点评

韩国 007 号航班空难事件

冷战时期，美苏两大阵营处于高度备战状态，美国经常派出大量先进的高空侦察机和伪装的电子侦察机在苏联领空外围活动，导致苏联防空部队时刻处于紧张状态。由于当时的民航客机还没有惯性导航或GPS定位技术，时常会出现客机飞行员计算错误或仪器数据出现偏差，使他国民航客机误入苏联领空的情况。苏联对待这些入侵的民航飞机一般采取拦截驱离或迫降查验的手段，但在多次警告无效时，也会对客机发起攻击。造成最严重平民伤亡的，是韩国007号航班事件。

韩国007号航班事件油画。

1983年8月31日，大韩航空一架编号007的波音747-200型飞机，搭载240名乘客和29名机组人员从美国纽约市肯尼迪国际机场飞往韩国汉城金浦国际机场。9月1日凌晨，由于客机机长错误使用了磁航向模式进行自动飞行，没有切换为标准的惯性导航模式，导致客机严重偏航，误穿过苏联堪察加半岛领空，随后第二次进入苏联库页岛上空。苏联防空雷达发现这架飞机后，在一个多小时内，先后派出3架苏-15战斗机和1架米格-23战斗机前出跟踪拦截，各机飞行员均目视发现了目标。由于天色昏暗，无法识别机型，但能够确认该机不是美国RC-135侦察机。战斗机飞行员在多次警告喊话和抵近压迫均无效后，进行了四次警告射击，但由于战斗机携带的是穿甲弹而非曳光弹，在黑夜中可能均没有被客机飞行员发现，因此客机继续保持固有航向飞行，并恰好拉高了飞行高度以节约燃料，这被苏联指挥员视为带有敌意的规避动作。一系列巧合导致了悲剧的发生，在该客机即将第二次离开苏联领空时，苏联地面指挥中心判定其为敌方军用目标，下达了攻击命令，将其击落在库页岛西南海域，机上269人无一生还。

这起悲剧发生后，以美国为首的北约各国纷纷谴责苏联的冷血暴行，韩国则陷入举国悲痛之中。美、日、苏均出动了大批舰只和飞机前往客机失事海域搜索，苏联为了避免外交被动，故意误导美、日搜救力量无功而返，并隐瞒了获得客机飞行记录仪的事实。直到苏联解体后，俄罗斯才将007航班的“黑匣子”交还给韩国，使得部分真相公之于众。

这起事件不是苏-15战斗机第一次惹祸。早在1978年4月20日，同样是大韩航空的一架编号为902的波音707客机，因飞行员向导航计算机设置了错误参数而误入巴伦支海的苏联领空，一架苏联苏-15战斗机发射导弹将其机翼击伤，迫使其降落在苏芬边境的科皮亚维湖，幸运的是这起事件只导致了2名乘客

事后被称为“空中屠夫”的苏-15战斗机。

韩国 007 号航班的悼念活动。

死亡。鉴于苏 -15 战斗机在冷战中多次对民用飞机“动手”，许多人将其称为“空中屠夫”。

事件点评：1983 年是冷战时期美苏关系最为紧张的时刻，双方剑拔弩张，仿佛第三次世界大战即将爆发。因此，007 号航班事件的发生有其独特的历史背景，美苏双方阵营的敌视和仇恨，使得这起事件在偶然中存在必然。同时，这起悲剧使国际航空安全协议进一步完善，美、苏两大阵营的军用雷达网络开始协助各国民航空管进行联合导航和空中管制。美国也在事发两周后，开始向全球免费提供原本仅供北约军方使用的 GPS 卫星定位技术，使得此类悲剧不再发生。

乌克兰苏 -27 战斗机航展坠机事件

从 1909 年第一次法国巴黎航空展览会诞生至今，现代航展始终是展现世界先进航空与航天技术成果、促进世界各国交流的盛会。但航展从最初的静态展示到逐步增加飞行表演项目后，出现飞行事故的情况屡有发生。其中，2002 年 7 月 27 日在乌克兰利维夫市组织的航展上，发生了人类史上伤亡最大的一次飞行事故。一架苏 -27 战斗机在做低空俯冲机动时，突然失控撞上地面一架静态展示的伊尔 -76 运输机，随即发生剧烈爆炸，导致地面观众共计 77 人死亡，其中包括 19 名儿童，另有 543 人受伤。驾驶苏 -27 战斗机的飞行员是乌克兰空军王牌飞行员沃罗迪米尔 · 托珀纳和尤利 · 耶格罗夫，两人在坠机前均顺利弹射逃生，仅受轻伤。

此次事故发生后，各国军事观察家普遍判断坠机仍是由于机械故障引发，但乌克兰专家组的事故调查结论让人大出意外，最终认定人为因素是导致事故的主要原因：一是飞行员擅自变更表演计划，临时起意增加了导致事故的超低空俯冲动作；二是飞行表演计划不应将表演空域设置在观众上方；三是飞行员操作出现失误，对高度判断不足；四是战斗机加装过多燃油，导致配重失衡，操控灵敏度下降，并在坠毁后还进一步引发剧烈爆炸。

事件点评：这次事故再次揭示了航展飞行表演的高风险性，虽然之后的航展中仍不可避免出现各类飞

苏 -27 战斗机飞行员弹射逃生。

苏-27战斗机坠地后着火翻滚。

苏-27战斗机坠入参观的人群。

行事故，但严格划定表演空域、科学制订飞行计划、进行风险评估和制订应急预案等，成为历次航展组织方高度重视的关键环节。此后，航展组织方对观众的保护措施不断加强，飞行事故的伤亡人数得到了有效控制。

日本F-35A战斗机坠海事件

2019年4月9日傍晚，日本航空自卫队第302联队一架F-35A战机从三泽基地起飞，在三泽市东北方向约135千米处进行海上夜航训练时，突然从雷达上消失，从此杳无音讯。此后，美、日两国立即出动大批舰艇和飞机前往事发位置搜索，但仅找到F-35A战斗机的尾翼残骸，战斗机机体和飞行员下落不明。

由于F-35A战斗机是美国最新型第四代战斗机，且许多美国盟国都在采购和装备该型飞机，美国担心飞机残骸被其他国家捞走会发生重大泄密事件。因此，美、日持续投入海空兵力和专业深海搜救设备进行搜索，并拦截其他国家船只靠近事发海域，甚至为此出动了B-52轰炸机在事发空域盘旋威慑。在一个多月的搜索后，终于锁定了战斗机残骸的海底位置，捞起了

坠海的日本79-8705号F-35A战斗机。

美、日投入海空力量搜索失事飞机。

“黑匣子”和部分飞机碎片，但驾驶舱和飞行员遗体仍未找到，最后不得不放弃搜索。

日本防卫省发布的最终调查结果认定此次事故不是飞机故障，而是由于飞行员陷入无法掌握飞机高度和姿势的“海空空间迷向”而导致的人为事故。同时，部署在三泽基地的 12 架同款 F-35A 战斗机解除封存，再次复飞。这个结果一经公布就引发世界舆论哗然，因为这无法解释为何日本一方面宣称坚固异常的“黑匣子”损坏导致内部存储器丢失，无法还原飞机失事状态；另一方面又透露 F-35A 战斗机坠海前 15 秒内高度直降 4700 米，坠海时速高达 1100 千米等多个细节。

作为日本首架 F-35A 战斗机而多次曝光的 79-8705 号机。

美军飞行员早期也曾遭遇缺氧问题。

事件点评： 这架编号 79-8705 的战斗机是第一架由日本自行组装的 F-35A 战斗机，也不幸成为世界上第一架坠毁的 F-35A 战斗机。由于许多军事观察家认为此次事故的主要原因是飞机设计缺陷，因此这次事故势必引起所有采购该型战斗机国家的担忧，而这款价格昂贵、生产缓慢又暗藏缺陷的战斗机，在未来的装备速度和出口数量势必会受到延缓和影响。

德国“台风”战斗机相撞事件

2019 年 6 月 24 日下午，德国联邦国防军 73 战斗机联队的三架“台风”战斗机正在德国梅克伦堡 - 前波美拉尼亚州上空执行低空模拟空战训练，其中两架“台风”战斗机在高速飞行和迎头机动时发生相撞事故，两名飞行员一名生还，一名遇难。

从各方面情况看，这是一次不应该发生的事故。在现代机载电子系统高度发达的情况下，防撞告警系统是战斗机最基本的配置之一。这起事故最有可能是因战斗机飞行员注意力不集中、技术水平不足而导致的。

事件点评： 两架“台风”战斗机相撞事故暴露了德国空军面临的窘境，这个历史上曾诞生过诸多王牌飞行员的国家，在失去苏联这个强大对手的威胁后，

德国“台风”战斗机双机编队。

倒飞坠落的“台风”战斗机。

坠毁的“台风”战斗机残骸。

迷失了国防发展和军队建设的方向，不断缩减军费开支是造成如今局面的主要原因，德国空军“外强中干”的现状不免让人唏嘘不已。可以看到，作为二战战败国的德国，其国防政策若想摆脱对驻德美军的依赖，还有很长的路要走。

美国 F/A-18E 战斗机峡谷坠机事件

2019 年 7 月 31 日上午，一架美国海军第 151 战斗机中队的 F/A-18E 战斗机在美国加州“星战峡谷”

进行超低空飞行的战斗机。

进行超低空飞行训练时不幸撞山坠毁，飞行员查尔斯·沃克中尉当场遇难，另外还造成了正在附近拍摄的 7 名航空爱好者受轻伤。

美国“星战峡谷”也被称为死亡峡谷，位于加州死亡谷国家公园西部边缘附近。美国军方为了公开展示自己的强大实力，毫不避讳地将这个训练场地对普

坠毁的 401 号 F/A-18E 战斗机配署于“斯坦尼斯”号航空母舰。

通民众开放，在峡谷内的一些关键转向点上，还设立了观景平台和停车场。摄影爱好者能够在此近距离拍摄到非常炫酷的高清照片，连飞行员的眼神都能看得一清二楚。

造成此次事故的最大可能是由于飞机故障，但也不排除飞行员人为失误。虽然 F/A-18E/F 战斗机是 F/A-18 系列战斗机中的最新型号，但也已服役近 20 年，加之航母舰载战斗机长期处在海上高温、高盐、高湿环境下，机体快速老化和机载设备故障往往是不可避免的。另外，由于超低空训练本来就具有极高危险性，飞行员人为操作失误、判断错误或麻痹大意等，也均会导致灾难瞬间降临。

坠机遇难的查尔斯·沃克中尉。

事件点评：战斗机在进行超低空飞行时，飞行员视野狭窄，加之峡谷地形曲折，需要飞行员在高速飞行状态下不断调整飞行姿态，对驾驶技术要求极高。一旦发生机械事故或操作失误，飞行员能够做出拉高爬升或弹射跳伞的二次反应时间极短，危险系数很高。从历次战争中可以看出，超低空突防战术是现代空中进攻的常用战术，该战术能够使战斗机有效规避敌方雷达探测和防空火力拦截，以最小的代价实现对地面或海上目标的有效突袭。各国空军对超低空飞行训练科目都非常重视，偶然出现的坠机事件也在其意料之中。

下一代战斗机发展方向展望

根据美国、俄罗斯及欧洲国家提出的下一代战斗机设想及科技发展水平，可以初步描绘出下一代战斗机的轮廓和特点。下一代战斗机将具备更全面的隐身技术、更强大的动力系统、更先进的武器装备、更高速的信息网络以及更强大的机载设备，能够彻底融入本国的陆、海、空、天、电、网一体化作战体系，在争夺制空权中全面发挥空战核心作用。

新一代隐身技术

新一代隐身技术的目标是使战斗机具备在雷达、红外、可见光、射频信号等领域的“全频段与全方向”隐身能力。

美国波音公司下一代海军舰载战斗机概念图。

为了达成这个目标，主要可以从深化传统隐身技术和创新新型隐身技术两方面同步研究。在深化传统隐身技术方面，可以在新型大推力发动机的支持下，进一步采取机翼与机身融合式设计思路，使战斗机在各种高度、角度、方位和姿态下，均能兼顾雷达隐身能力和高速机动能力的要求；在隐身涂料研发上面，可以探索纳米材料或新型超级材料对雷达、红外、射频信号的综合吸收能力；在创新新型隐身技术方面，可以加强等离子体隐身技术和可见光隐身技术的研发应用。

高超声速巡航技术

高超声速巡航概念是美国为其下一代战斗机提出的指标之一，要求下一代战斗机具有 5 马赫的巡航飞行能力，且作战半径达到 2000 千米以上，从而满足全球作战需求。

“天下武功唯快不破”，下一代战斗机若想在速度上保持优势，需要向高超声速巡航的方向不断努力。一是新型发动机方面，需要研发质量更轻、转速更高、耐高温能力更强的航空发动机和配套的机载动力系统；二是新型机体设计方面，需要运用新材料设计更适合高超声速飞行的气动外形、机体结构、传感器布局和内置油箱、弹舱，减少飞行阻力的同时，保持大过载下的机动灵活性；三是有人驾驶限制方面，高超声速飞行下进行剧烈机动会造成飞行员无法承受的过载，需要综合考虑战斗机性能与飞行员操控的关系。

定向能武器技术

定向能武器是指在极短时间内，对目标表面产生极高密度的能量，从而达成对目标有效杀伤的武器。由于定向能武器具备攻击距离远、发射至命中间隔时间短、难以拦截和防御、不易暴露攻击位置、对目标毁伤效果好及不存在弹药消耗问题等诸多优点，使其

美国空军下一代战斗机概念图。

未来战斗机定向能武器想象图。

成为当今世界武器研发的热门领域之一。

未来，若能解决机载供能、抖动瞄准和武器小型化三个核心问题，下一代战斗机搭载定向能武器进行空战的设想将成为现实。战斗机装备定向能武器后，可以具备对视野内所有目标的超远程光速打击能力，甚至可以对弹道导弹进行拦截，未来空战模式将随之发生根本性改变。

无人战斗机技术

远程遥控的美国军用无人机早在 2001 年就参加了实战，并凭借较高的性价比在空对地打击任务中占得一席之地。

未来的无人机空战将不再仅是战斗机平台之间的格斗厮杀，而是双方包括空中情报、信息、网络、数据链、指挥控制等作战体系的全面较量，飞行员的技术和经验差异将不复存在，无人战斗机成为负责执行整个体系作战命令的末端节点，制空权将由双方的综合军事实力和技术实力共同决定。

空天一体技术

随着航空与航天技术的不断发展，航空与航天的界限逐步模糊，由此出现了空天飞机这一全新机种。空天飞机采用火箭发动机和自燃推进剂，摆脱了对大气层的依赖，既能在大气层内飞行和降落，也能在大气层外 200 千米的绕地轨道上飞行和停留，从而实现更远的作战半径、更高的作战高度和更快的飞行速度。美国先后研制了 X-33、X-34、X-43A 和 X-51A 等多型可重复使用航天器和高超声速技术验证机。目前装备的 X-37B 空天飞机已经完成多次试验任务，被世界公认为是未来空天战斗机的雏形。

未来，空天飞机将不再局限于捕获敌方航天器、战略侦察、战略轰炸等作战支援任务，而是彻底成为淘汰落后军用机种的主力空中作战平台。今后，携带定向能武器的空天一体战斗机编队将成为来自高空的最大威胁，现代空战的概念将遭到颠覆，制空权的争夺将拓展为整个空天领域的争夺，战争将更加短促快速，也更加危险激烈。

美国波音公司“忠诚僚机”计划。

未来空天一体战斗机想象图。